葉子

Leaves
Publishing

根
以讀者爲其根本
莖
用生活來做支撐
葉
引發思考或功用
果
獲取效益或趣味

準媽媽
B512行星
奇幻之旅

海洛茵◎著

三色菫PANSY

準媽媽B512行星奇幻之旅

作　　者：海洛茵
出 版 者：葉子出版股份有限公司
發 行 人：賴筱彌
總 編 輯：賴筱彌
企　　劃：陳裕升・汪君瑜
責任編輯：林淑雯
文字編輯：王佩君
美術編輯：李傳慧
封面設計：李傳慧
印　　務：黃志賢
地　　址：台北市新生南路三段88號7樓之3
電　　話：（02）23635748　傳　真：（02）23660313
網　　址：http://www.ycrc.com.tw
讀者服務信箱：service@ycrc.com.tw
郵撥帳號：19735365　戶　名：葉忠賢
印　　刷：鼎易印刷事業股份有限公司
法律顧問：北辰著作權事務所
初版一刷：2004年3月　定　價：新台幣200元
ISBN：986-7609-17-4

總 經 銷：揚智文化事業股份有限公司
地　　址：台北市新生南路三段88號5樓之6
電　　話：（02）23660309
傳　　真：（02）23660310

準媽媽B512行星奇幻之旅 ／海洛茵著.
初版.--台北市：葉子, 2004〔民93〕
面：　公分.--（三色菫）
ISBN 986-7609-17-4（平裝）
1.妊娠--文集　2.分娩--文集

429.1207　93001569

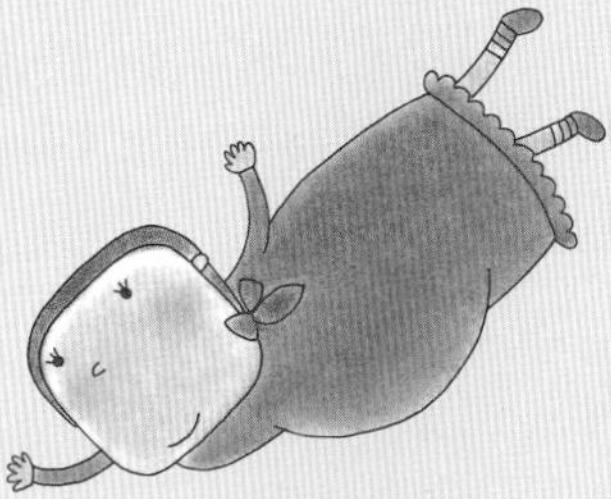

序

生孩子是女人一生之中的大事。無論是懷孕的喜悦，或是分娩的痛楚，都是一篇篇令人津津樂道、難以忘懷的小故事。

生孩子對已婚婦女來説或許是一件喜事，但若是你尚未結婚卻發現自己懷孕了呢？如果生孩子不用考量那麼多現實的問題，如果懷孕不會造成那麼多尷尬的困擾，想必絕大多數的女人都會將生孩子視為人生絕妙的體驗之一。想想看，有一個脆弱的小生命正在你的肚子裡萌芽啊！

或許我們可以仰賴科技的進步，可以仿效外星人的智慧，可以用人類的超強意志主導，讓懷孕的婦女也可以保持優雅的儀態，讓大腹便便負擔沉重的準媽媽們也依然可以擁有輕鬆的笑容，讓生孩子的經歷變得和製造孩子的過程一樣

快樂。

《準媽媽B512行星奇幻之旅》寫的是懷胎十月的理想境界，讓從未有過生產經驗的女人或男人想起生孩子這擋事不再只有血肉模糊的畫面，偶爾也該有一點作夢般的旖旎；讓生過孩子的女人（應該不會有男人吧！）重溫與胎兒相依相偎一脈相連的溫馨回憶，即便是在胎兒奪門而出的極致痛苦中，新生命所帶來的感動都依然是大於苦痛的。

在男人尚未學會生孩子之前，我只能把這本書獻給天底下所有的女人。儘管大部分的男人對此總是不懂也不問，但是女人仍有義務要主動且大聲地告訴他們：生孩子，你想要什麼？

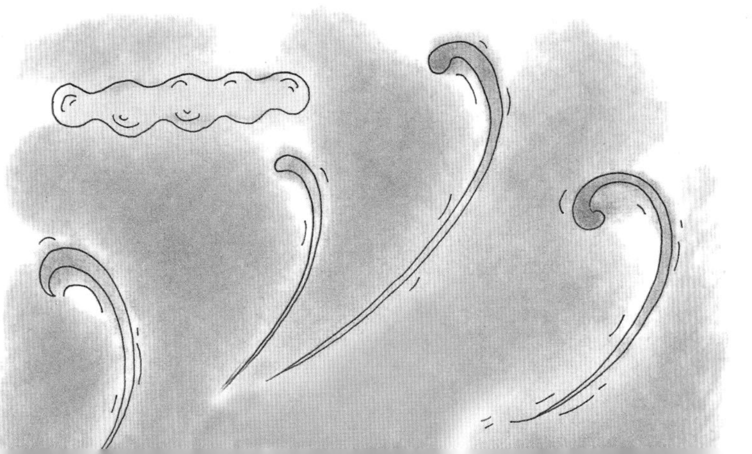

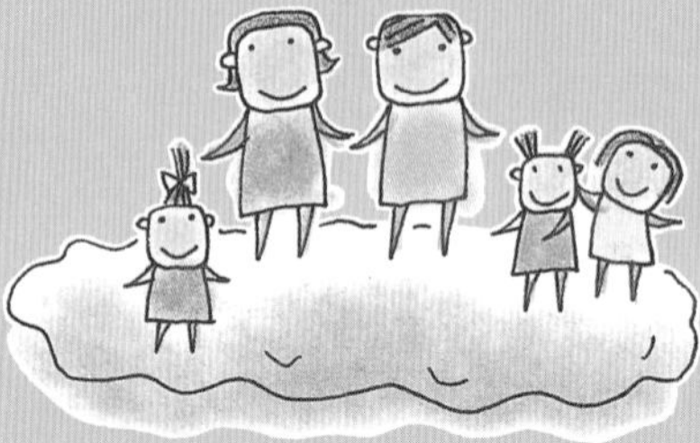

目

錄

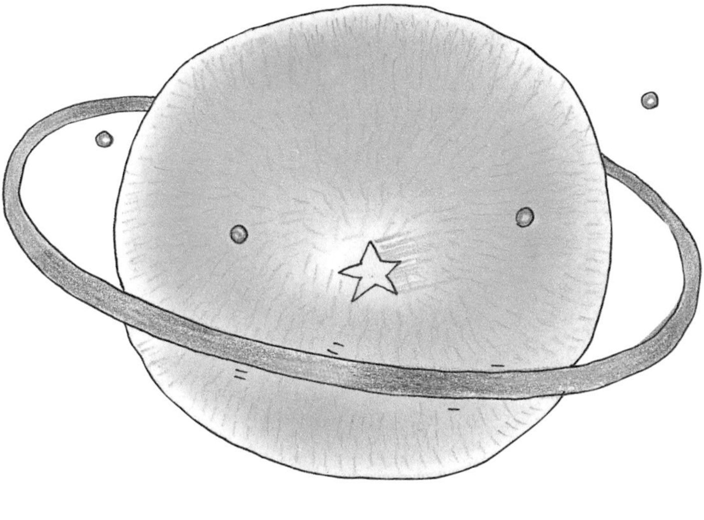

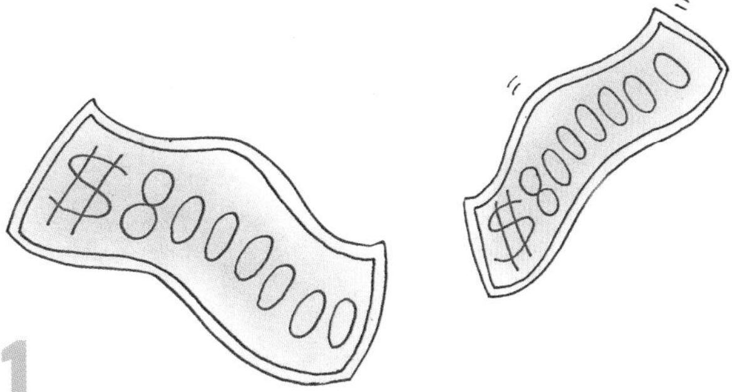

*1 錢

我懷孕了。

驗孕試紙上的兩條線明確的告訴我這項消息。每個女人在知道自己懷孕之後，都應該高興得歡天喜地、感動得痛哭流涕吧！但是我卻連一絲喜悅的心情都沒有。

我二十七歲，是個專櫃小姐，未婚，沒有固定男朋友，但是我懷孕了。

怎麼會這麼不小心呢？我想起過去幾個星期和我有過性關係的男人。其中小夏是我的前任男朋友，我們的感情關係雖然結束了，肉體關係卻還沒有結束。每當我感到寂寞，或是他身邊正好沒人的時候，我們就會上床。有時候在他租來的地方，有時候我們會上賓館開房間，或是開著他的A4去擎天崗做車床族。幾個禮拜前的週末，我就是和他一起過的。

$8000000
$8000000
$8000000

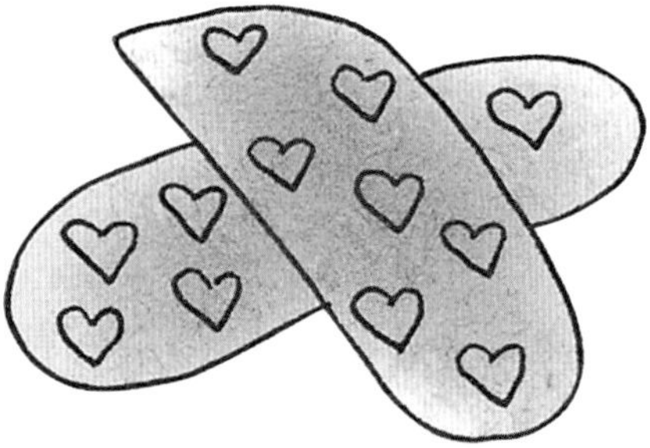

在我印象中，小夏是個很謹慎的人，我們每次做愛，他都會戴兩層保險套，雙重保險，怎麼還會有意外呢？如果不是我的疑心病太重，就是那些製造保險套的商人偷工減料！他們也不怕鬧出人命來，眞是缺德。

話說回來，這也不一定和小夏有關。除了小夏，我和我們這個部門的樓管也關係匪淺。他對我很好，不但經常介紹客人來買我的化妝品，逢年過節還會自掏腰包來幫我充業績，最重要的是，他長的挺帥的！

有時候我和他正逢空班，我們兩個人就會躲在百貨公司的樓梯間裡調情。那裡幾乎不會有人經過，這麼久了，我們也不曾被人打擾過。上一次和他去樓梯間，好像是已經是一個多月前的事了吧！那個時候他有沒有戴保險套，我已經不記得了。難不成肇事的男人就是他？

對了，別忘了還有個金髮老外，前幾個星期三晚上在PUB裡認識的。女人嘛，

多少有些虛榮心，遇到一個金髮大帥哥來搭訕，你怎麼可能完全不動心？剛好我又喝多了，糊裡糊塗就和人家上了床。這下可好，我肚子裡懷的可能會是個金髮小鬼呢！

生個可愛的寶寶是每個女人的夢想，但是未婚懷孕卻是每個女人的惡夢。說不後悔是假的，但是後悔又能怎麼樣呢？木已成舟，我只有「生」和「不生」兩種選擇，不可能有第三種。我想起從前八卦新聞的報導，很多女明星，像鍾麗緹、吳綺莉她們都選擇做了未婚媽媽，證明女人不用結婚，一個人也可以把孩子養大。只是她們有的是錢，而且知道孩子的爸爸是誰，我只是個再平凡不過的女人，養活自己就已經不容易了，拿什麼來養孩子？

原來，生孩子是一件這麼麻煩的事，先是需要一個男人，再來還需要一張結婚證書，有了這些之後，你們還需要有花不完的錢，才足以支付將來養育孩子的費用。

我仔細的算了算，一片尿布六塊錢，每天最少需要四、五片，要是你的孩子生來就是個敗家子，他一天要用你二十片尿布可能都還嫌不夠；一罐奶粉要兩、三百塊，進口的還要四、五百塊，照三餐這麼吃下來，一瓶奶粉吃不到一個禮拜就空了，孩子眞是吸血鬼，非把父母榨乾不可。食衣住行都還只是小問題，將來孩子上幼稚園、上小學、學英文、學鋼琴、上補習班、出國留學……，教育費才是眞正塡不滿的黑洞，每一樣都會花光你的血汗錢。算算看，養一個孩子要花你多少錢？報紙提供了一個平均數值，把一個孩子從零歲養到二十歲，一共要花你八百萬，剛好是一個中產階級二十

年的薪水。我有本事生，但是有本事養嗎？

只是，如果選擇不生，不就等於要親手送我的寶寶去死？我在高中的時候曾經看過人工流產的影片，醫生先用箝子伸進媽媽子宮裡把胎兒肢解，然後再一塊一塊地把殘骸取出來。整個過程血肉模糊、慘不忍睹，所有女同學在看這段影片時，都不約而同的夾緊雙腿，那個時候，我們告訴自己：永遠不要走到這一步。

只是曾幾何時，我已然忘記了初衷，在一次一次肉慾歡愉之下，變成了一個骯髒齷齪隨便的女人。我做的孽，何苦讓我的孩子來承擔我的罪？肚子裡的小生命是無辜的，說不定還會有更好的解決辦法，說不定事情還會有轉機，等我弄清楚孩子的爸爸是誰，對方或許會喜上眉梢也說不定呢！人命關天，我們連見到小狗死了都會傷心難過，更何況這是我未出世的孩子，我不能就這麼放棄。

哭累了，煩透了，我躺在床上沉沉睡去，希望天可憐見，讓我今晚夢見幾個幸運的號碼。

生孩子，我需要先中樂透。

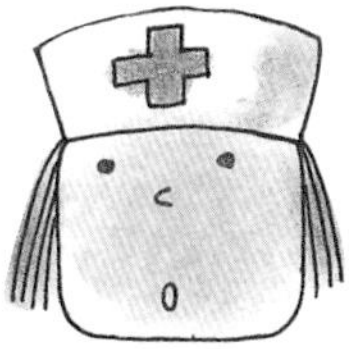

＊2 孕婦專用柵欄

我沉沉的睡去，不知道睡了多久。然而喚醒我的並不是鬧鐘，而是奇妙的聲音，奇妙的聲音在我耳邊說：「你肚子裡裝的是什麼？」

我猛然睜開眼睛，發現我已經不在自己的床上。那麼我在哪裡？我環顧四周，這是一塊比房間大不了多少的土地，奇怪的是，這塊土地並沒有邊際，四周黑壓壓地一片，只有遠處閃爍著幾許星光，看起來像是……像是一個星球！

這麼驚人的發現使我睡意全消，我回過頭來尋找那聲音的來源，發現有一個奇怪的小人兒站在我眼前，他的模樣和裝扮看起來有點眼熟……我想起來了！他和聖修伯里書中的《小王子》長得一模一樣。《小王子》是我最喜歡的一本書之一，我反覆看了好多遍，幾乎已經到了滾瓜爛熟的地步。難不成我眼前的這個人就是傳說中的小王子？那麼，我所在的位置應該就是「小行星B

六一二」了！

難怪他問我肚子裡面裝的是什麼，小王子可以看見蟒蛇肚子裡的大象，可以看見盒子裡裝的綿羊，當然也可以看見我肚子裡的東西。只是我肚子裡目前只是個剛啓蒙的小生命，連心跳都還不明顯，我實在有點不知道應該稱他爲「什麼」。

我告訴小王子：「我肚子裡裝的是我的孩子，他現在還很小看不出來，以後他會長成一個像你一樣可愛的小孩。」

「那太好了，你們可以陪我一起看日落嗎？」

你們？一股莫名的感動從我心裡頭湧出，有了這個小生命，我不再是「我」一個人，而是「我們」。不管去到哪裡，這個小生命都會緊緊的跟隨著我。身爲女

人，我從來沒有一刻這麼爲自己的性別驕傲過。

小王子用充滿期待的眼神望著我，我想，他一定孤獨很久了吧！這個星球上，看日落是他唯一的娛樂，因爲星球很小，只要把椅子移動幾步，就可以再重溫一次日落的美景。我和小王子並肩而坐，一遍又一遍的看著日落。以前在地球上的時候，我也曾經看過很多次日落，只是從來沒有這麼認眞專心的享受過，日出日落一直都只是我談戀愛時的布景，我從來不知道，日落的景色可以如此令人悲傷。

我想起我渾渾噩噩的前半生，想起我不知不覺幹下的糊塗事，想起我對孩子的責任與歉疚，想起我現在悲慘的處境：一個人懷著孩子，莫名其妙的來到這個鬼地方。我好怕我再也回不去地球，再也回不了家，永遠也不知道孩子的爸爸是誰，永遠沒有機會向我的父母說聲抱歉；我好怕，我怕我自己不會幸福，也怕我自己不能給孩子幸福。

我哭了，從知道懷孕以來，我第一次放任我自己哭泣，讓無助的感覺侵蝕著我的靈魂、蔓延至我的全身。「你怎麼了？你和你的孩子吵架了嗎？」小王子見到我這副模樣，十分好心的說，「我只有和我的花兒吵架的時候才會哭泣。」

「不，我和我的孩子很好，我、我只是、只是想家。」我哽咽的說。

「你的家在哪裡？」

「在地球。」

小王子一副恍然大悟的表情，他興奮的說：「我知道地球，我曾經去過那裡，我可以告訴你怎麼回家。」

我抹乾淚水，仔細聆聽小王子從小行星B六一二到地球的過程，雖然這些經歷我已經在書上看過，但我還是豎起耳朵一字不漏的聽著，深怕走錯任何一個方向，漏掉其中任何一個資訊。

從小王子的談話中，我得知他從這裡出發到地球，其中經過了小行星三二五、三二六、三二七、三二八、三二九、三三〇這幾個鄰近的星球，也就是說，我必須依樣畫葫蘆，才能找到正確回家的路。

「雖然我的星球沒有，但是其他的星球可能會有老虎，你不怕老虎吃了你肚子裡的孩子嗎？」小王子天眞的問。

「我的肚皮是一層防護罩，可以保護他啊！」雖然一知半解，但我還是故作鎮定的說。

「那是不夠的。」小王子轉過身去，拿了一張紙給我，上面畫著一座柵欄，「這是很久很久以前，一位朋友送給我的柵欄，用來保護我的花。現在我的花已經長大了，可以自己保護自己了，我把柵欄送給你，你可以用它來保護你的孩子。」

我把圖畫紙上的柵欄貼在我的肚子前面，驚奇的發現它「眞的」是一座柵欄。有了柵欄的保護，我的肚皮變得像木頭一樣堅硬，而且還富有彈性，寶寶住在裡面就算不小心遭遇到什麼碰撞，都依然可以安全無虞，這眞是一份貼心的禮物，讓媽媽的肚皮變成銅牆鐵壁，讓寶寶在裡頭住得高枕無憂。

更方便的是，這座柵欄只有一張紙的厚度，薄薄的0.2公分，你完全感覺不到它的存在。在懷孕期間，無論你是撞到牆壁或是笑破肚皮，不小心跌個四腳朝天或是摔個頭破血流，這座柵欄都會牢牢的保護著你的肚子，幫助你抵禦外侮。

妳因爲懷孕而擔心受怕嗎？妳因爲懷孕而不敢下床嗎？全新設計「孕婦專用柵欄」附有強效安胎作用，把你的寶寶穩穩關在你的肚子裡，是你懷孕初期的不二選擇！有了「孕婦專用柵欄」，你可以愛怎麼動、就怎麼動，一點兒也不用擔心寶寶外漏！

和小王子道別之後，我走到星球的邊緣，開始我回家的旅程。

周圍盡是一片浩瀚星河，我依照小王子的指示，任憑我的雙腳懸空，驚奇的發現我竟然可以浮在空中，也許我上輩子是個外星人吧！我很有飛行的天份，不管是前進後退向左向右全都難不倒我。我帶著我的孩子，還有那堅固如石的柵欄，一起飛行。

*3 抑制嘔吐金鐘罩

按照小王子的指示，我飛行了七天七夜來到了第一個星球，所謂的「七天七夜」，並不是個確實的數字，只因爲我在飛行途中，看到七次太陽、七次月亮，所以我把它稱爲「七天七夜」。事實上，飛了多久我自己也不知道，我已經距離地球生活越來越遠了，早知道，我當初眞應該戴著我的GUCCI手錶睡覺的。

就像書上說的一樣，第一個星球住著一個國王，他一見到我，興奮的大叫：「啊，終於又有一個屬下來了！」

國王把他的世界簡化了，除了他自己以外，所有人都是他的屬下，小王子是第一個，我則是第二個。飛行了這麼久，我又累又渴，只是國王的紫色貂皮皇袍把整個星球都佔滿了，我面臨和小王子一樣找不到容身之處的困境，可知直挺挺的站著，對一個孕婦而言是多麼大的一種折磨？

也許是因爲我飛得太久了，突然間來到陸地上，我突然感到一股暈眩的感覺，接著我的胃液、膽汁便從我的腸道翻出，吐在國王的華麗長袍上面。

「你竟敢在我面前嘔吐！」國王氣得跳腳，「你不知道這是多麼無禮的舉動嗎？我不允許你這麼做。」

我壓抑著自己不停翻滾的胃，難過得流出眼淚。我試著向國王解釋：「我懷孕了，所以忍不住想吐。」

「懷孕？懷孕是什麼東西？」

對呀！這個星球只住著國王一個人，他當然沒有見識過女人懷孕。我告訴他：「我肚子裡裝著一個寶寶，所以我很不舒服，會很想吐。」

「啊！這眞是太好玩了，」

國王說，「那我將命令你再繼續吐……」

他話還沒有講完，我又吐了。

國王見到我吐，開心得直拍手，我想，我應該是第一個這麼服從他命令的「屬下」吧。

「我好難過，我可以坐下嗎？」我有氣無力的問。

「好，我命令你坐下。」

我很沒氣質、雙腳張開一屁股就坐在國王的長袍上，我現在是孕婦，不在乎沒氣質。

「你弄髒了我的長袍，你要怎麼賠償我？」國王嚴厲的問。

我身無分文，又身處異鄉，你還要我怎樣呢？急中生智，我告訴國王：「我可以幫你做一件新衣服來補償你。現在地球上已經沒有人穿這種長袍了，所有的王公貴族都穿西裝打領帶，不如我幫你把這件衣服改成西裝，你看如何？」

「但是長袍象徵的是國王的權威，沒有了長袍，我還是國王嗎？」他一臉疑惑的說。

「一個人是國王，就算他衣縷襤衫他都還是國王；一個人若是乞丐，就算他穿了金縷衣也還是乞丐。你穿上了西裝，不但仍然是一個國王，還會是個跟得上流行的國王。」

我的「馬屁經」使得國王龍心大悅，興致勃勃地要求我馬上為他製作一套最流行的新衣裳。

其實我哪裡懂得裁縫？我把我弄髒的長袍截去一大片，再把國王腿上的布捲成筒狀，包裹住他的兩條腿，變成褲子；接著，我把剩餘的料子撕成條狀，變成國王的領帶。國王對他的新造型很滿意，因為我把他的服裝變短了，以往被長袍覆蓋住的土地全都可以重見天日，國王發現他的統馭範圍一下子變大了，自然非常高興，他愉快的宣布：「我要命令你做我的行政院長。」

「可是我……」話才說到一半，那股噁心反胃的感覺又湧了上來，我趕緊拿手中剩餘的布料摀住嘴巴，若是這次再吐到國王的土地上，不曉得又要賠償什麼了。

說也奇怪，當那塊布靠近嘴巴時，想吐的感覺居然瞬間消失了。我反覆試了幾次，發現這塊布上面的香味眞的具有抑制噁心的效果，只要一聞到那種味道，我翻滾的胃便馬上平息了下來，比什麼特效藥都來得有效，地球上眞該發明這種東西，那麼不只是孕婦，醉酒的人、暈車的人、癌症化療的人都有福了。

我問國王：「我可以拿一小塊布來作爲紀念嗎？」

「我命令你把它拿去，但是，我要你做我的行政院長。」國王又重申了一次他的命令，他的確有著國王的架勢。

「陛下，請你別忘了我是個孕婦。在我住的地方，懷孕的女人只能吃、睡覺和打麻將，不能做什麼行政院長。」地球上根本沒有這個規定，是我胡謅的。那是我夢想中的孕婦生活，但前提是我必須先嫁入豪門成爲少奶奶才行。

「那麼，我要你做我的外交部長。」

天哪！這個國王怎麼這麼冥頑不靈啊！比較起來，我們地球人實在聰明太多了，只要對方一個不情願的眼神，一句帶刺的話語，我們就已經可以了解當中的意思了，根本不需要人家挑明了講。

我撕下一塊手掌大的布，用我原本綁頭髮用的橡皮筋穿過布的兩側，套在耳朵上，成了一個口罩。

有了這個口罩，我可以放心的度過懷孕害喜的日子，不必再擔心體內突如其來的驚濤駭浪，我把它稱爲「抑制嘔吐金鐘罩」。它的外型輕薄短小，幫助你隔絕灰塵，免於內憂外患，有了這個「抑制嘔吐金鐘罩」，孕婦可以省去想吐時尋覓塑膠袋和找馬桶的不便，從此不用再忍受害喜期間肝腸寸斷的痛苦，也不必處理嘔吐後臭氣四溢的殘局，戴上這個「抑制嘔吐金鐘罩」，大肚子就像吹氣球一樣輕鬆自在。共有「N95」、「N99」、「P100」……等多種款式，孕婦可以搭配不同的裝扮使用。

「抑制嘔吐金鐘罩」採用芳香療法原理，只要戴上臉上，立刻百毒不侵、百病不吐，從現在開始，懷孕的婦女不必再和馬桶作伴，也不用再與酸梅爲伍，「抑制嘔吐金鐘罩」包妳食慾大開，不管看到多噁心的對象，妳都絕對不會吐出來！

*3 抑制嘔吐金鐘罩

現在，我的寶寶有了座柵欄，我也有了個金鐘罩，未來的旅程應該可以順利許多吧！

我告訴國王：「我要走了，等我生完孩子再來做你的行政院長。」

「是外交部長！」國王氣急敗壞的說，他很不高興他的命令被人扭曲。

「不管是什麼長，等我生完孩子再說吧！」

地球人的壞習慣，就是喜歡亂開支票，不管自己究竟做不做得到，雖然到了外太空，我還是戒不掉這個壞習慣。我走到星球邊緣，奮力向空中一跳，繼續「我們」的旅程。

「等一等，」國王的聲音適時的從我身後傳來，他總算知道該怎麼執行國王的權力了，國王對我說：

「我、我命令你在一分鐘之內離開！」

唉，他的確是個很有架勢的國王。

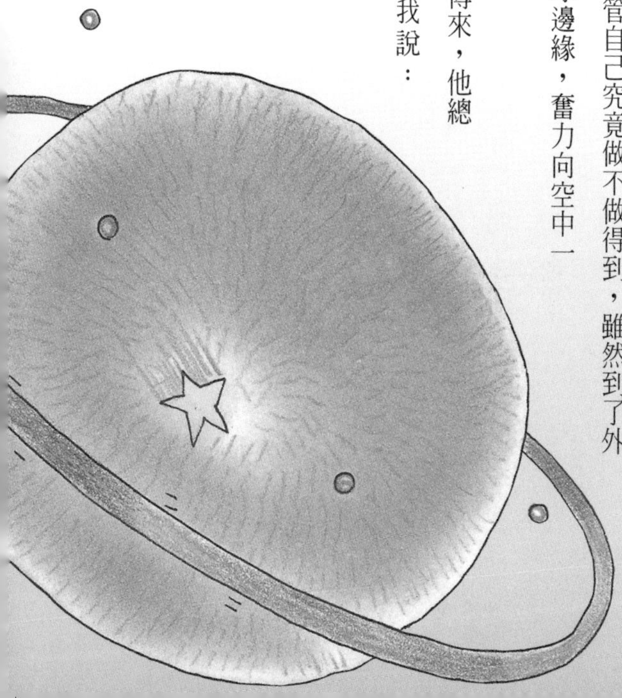

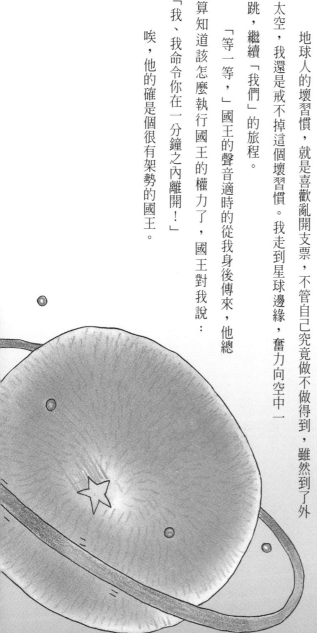

*4 汪的否照相機

第二個星球離第一個星球很近，沒多久功夫我就飛到了，聽說這裡住著一個很自大的人，所有人對他而言，都是他的愛慕者。我準備領教一下這個自戀狂的功力，看看到底是他比較自戀，還是地球人比較不要臉。

這個自大的人對我的來訪非常高興，「你一定就是我的Fans了吧！來來來，我剛剛發明了一個東西，我們可以合照一張相片。」

自大的人拿出一台相機，在我看來，這台相機和一般的相機並沒有什麼差別，怎麼可以說是他的發明呢?相機在地球上已經有一百多年歷史了啊！

「喀嚓！」自大的人出奇不意的按下快門，拍下了我們的合照。我一向討厭拍照，因爲我天生臉大不上相，每次拍出來的照片，不是全身僵硬就是臉部抽筋，從小到大，我只有一張相片是自己滿意的，那張相片的主題，叫做「背影」，是從前一個攝影師男友替我拍的。

幾秒鐘以後，相片洗出來了。我看著相片中的自己，驚訝的不敢相信自己的眼睛，照片中的我丰姿綽約，亭亭玉立，完全沒有我平時呆若木雞的表情；而自大的人在照片裡，也成了一位具有「金城武水準」的大帥哥，難怪他會自大，任何人看見照片中的自己像金城武一樣帥，都很難不翹起尾巴來吧！

「這台相機是……」我太訝異了，有點語無倫次。

「嘿嘿，這是我的最新發明，叫做『汪的否照相機』。像我這麼玉樹臨風的美男子，當然需要一台可以襯托出我的風采的照相機。這台相機的好處，就是不管你橫著照、豎著照、正著照、倒著照，照出來的相片都會非常汪的否，非常完美。」自大的人沾沾自喜的說。

「眞的嗎？那我可不可以多照幾張看看？」

「嗯，看在你這麼崇拜我的份上，我就和你再合照幾張吧！像我們這麼偉大的萬人迷，絕對不可以擺架子。我對我的Fans一向都是很親切的。」

爲了得到相機的使用權，我諂媚的笑了笑，假裝眞的非常崇拜他。自大的人告訴我，這台相機的使用方法非常簡單，只要把鏡頭對準你想照的東西，再選擇相機的設定鍵，總共有「普通美」、「很完美」、「非常完美」、「超級完美」、「不能再完美」這幾種選擇，設定好之後，按下快門，幾秒鐘以後就可以沖洗出一張美美的照片，連洗照片的手續都省下來了。

要是能擁有這台相機那該多好！我不但可以替我自己拍寫眞集，將來孩子出生以後，我也可以爲他留下美美的紀念，有「普通可愛」、「很可愛」、「非常可愛」、「超級可愛」、「不能再可愛」這幾種選擇。等到他長大一點，我們還可以拍很多甜蜜的親子照。爲人父母的快樂，就是可以紀錄孩子成長過程的一點一滴，這是人生最大的成就之一。

想到這裡，我立志要把這台相機弄到手。我想起小王子曾經說過，自大的人最喜歡人家替他鼓掌。我連忙擺出一副白痴的嘴臉，一面鼓掌一面說：「我眞是太崇拜你了，你是這個星球上最英俊、穿得最好看、最富有，也最聰明的人。」

「可是……可是這個星球上只有我一個人啊！」自大的人被我的迷湯灌得一頭霧水。

人眞是奇怪！明明希望全世界的人都崇拜他，但是等到眞的有人對他表示崇拜時，又要裝做一副何德何能、無福消受的樣子，「么鬼假細二」，眞是做作！不過爲了達成目的，我只好繼續昧著良心說話。

「雖然只有你一個人，但是我依然很崇拜你，這台相機，可以讓我帶走嗎？好讓我去告訴其他人有關你的偉大事蹟，這樣要不了多久，全世界都會和我一樣崇拜你了。」

「但是相機讓你帶走了，以後我用什麼來照相呢？」

「你這麼聰明，一定可以再發明其他的相機。更何況，你這麼瀟灑英俊，根本不需要汪的否相機來增添你個人的風采，能夠目睹你眞實的模樣，是我們Fans的榮幸呀！」

身爲專櫃小姐，拍馬屁說瞎話對我而言是家常便飯，只是我沒想到這項本領居然可以在這種時候派上用場。一句句言不由衷的話流暢的從我嘴巴裡吐出來，強迫推銷，我看你還有什麼理由可以拒絕？

不出我所料，自大的人被我哄得心花怒放，他把這台奇異的相機交到我手上，還一再囑咐我別忘了向全世界敘述他的豐功偉業，讓全宇宙的人都成爲他的愛慕者。

「我會的。」如果我可以順利回到地球的話……，我默默的在心裡加上這句話。

我把相機斜背在肩上，繼續我的旅程。一路上，我不停幻想孩子出生後可愛的模樣：紅通通的臉蛋、圓滾滾的屁股、白嫩嫩的皮膚、他跌跌撞撞的向我走來、他第一次叫我「媽咪」……。

「喀嚓！」眞希望我現在就能看到你可愛的模樣。

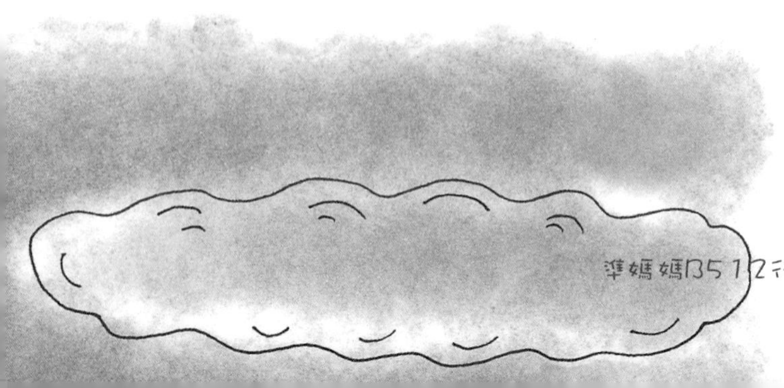

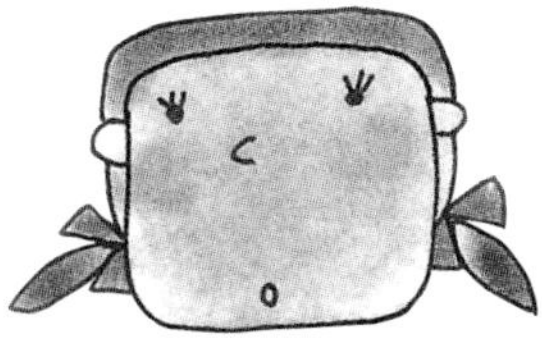

*5 神奇攪拌杓

下一個星球住著一個酒鬼，我到達的時候，他正對著一堆空酒瓶發呆。

「你在做什麼？」我問。

「我正在戒酒。」

「你爲什麼要戒酒？」

「因爲我買了一根神奇攪拌杓，它可以讓飲料變成不同的味道，我發現世界上比酒要好喝的東西實在太多了！」酒鬼興奮的說，一面秀了秀他手中的那根神奇攪拌杓。

只是除了堆積如山的酒瓶，我什麼也沒看到，酒鬼八成是已經喝醉了所以說醉話！

我想起自己已經很多天不食人間煙火了，加上又嘔吐了幾次，現在肚子裡空空如也，再不補充點養分，我連飛行的力氣都沒有，更別提回家了。

我問酒鬼：「你這裡有沒有水，可以給我一杯水嗎？」

「我這裡只有酒，但是我可以幫你變出水來。」

酒可以變水？鬼才相信你的話！

但是接下來的情形，卻讓我啞口無言，一句話也說不出來。

只見酒鬼拿出他的神奇攪拌杓，在倒滿酒的杯子裡攪拌了一會兒，奇妙的事情發生了，原本黃澄澄的酒居然變成了清澈透明的水，這時酒鬼問我：「沛雅綠礦泉水可以嗎？」

我雖然不敢相信我的眼睛，但是出於本能的反應，我還是向酒鬼點了點頭。他把那杯「沛雅綠礦泉水」放到我面前，我小啜了一口，果眞是如假包換的沛雅綠礦泉水！

飢渴了這麼久，我想，這是我這輩子喝過最好喝的一杯水，我感動得幾乎要掉下眼淚。

「這個星球上只有你一個人，請問你那根神奇攪拌杓是從哪裡買來的？」生理問題解決以後，我好奇的問。

「是隔壁星球的生意人賣給我的，他本來要推薦我參加什麼戒酒保證班，包吃包住還外加消除啤酒肚，但是我覺得太貴也太麻煩了，所以他就推薦我買這支神奇攪拌杓，讓我可以喝到好東西，不用在餐餐只喝酒，」酒鬼晃了晃他手中的棒子，「挺好用的不是嗎？」

是啊，有了這支神奇攪拌杓，你想喝什麼都沒有問題，無論是天山雪水、腐竹糖水，還是牆壁上的蒼蠅血，只要你想喝的，它都可以幫你變出來。從孕婦喝的雞湯到寶寶喝的牛奶，只要經過它稍微「攪和」一下，保證你可以隨心所欲、心想事成，神奇攪拌杓不但替你省下奶粉錢，還替你省去褒熬燉煮的麻煩。

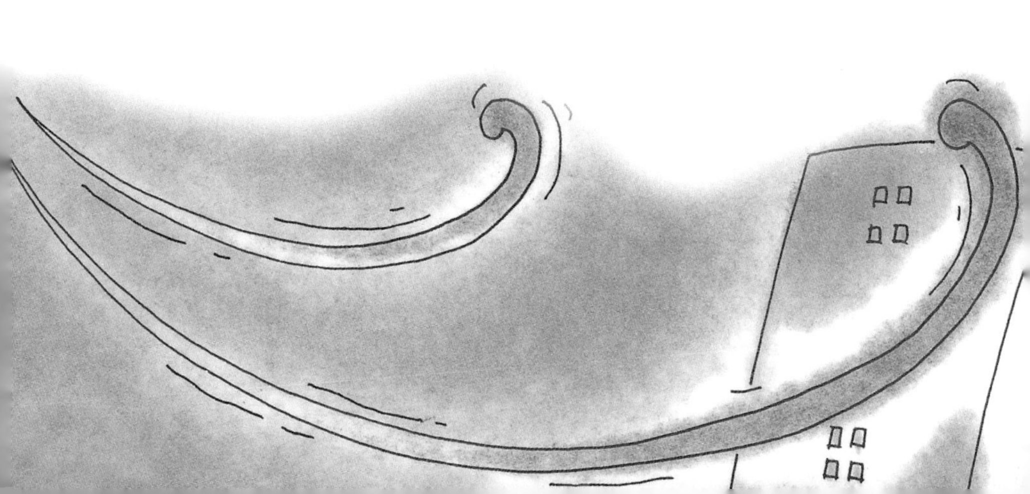

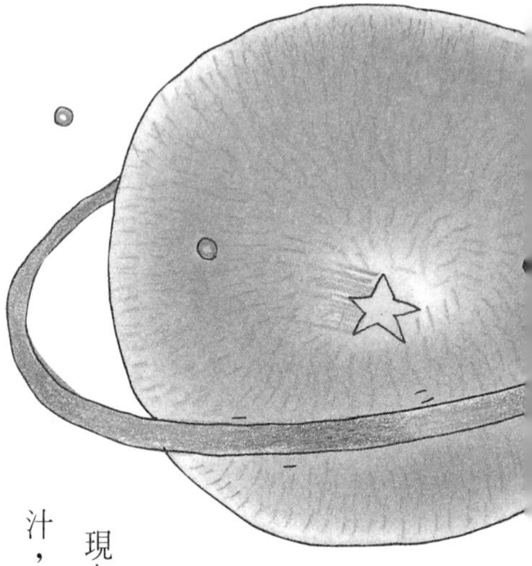

另外，它的用法非常簡單，你只需把它放在液體中，一邊攪拌一邊默唸你想喝的東西，用不著一分鐘，你所默唸的飲料就會活生生的出現在你眼前，你可以在夏天的時候喝到新鮮的草莓汁，也可以在冬天裡喝到現榨的芒果汁，特別適用於貪吃又挑嘴的大肚婆，以及懶到不行的新手媽媽。它的人性化設計，使你可以躺在床上一邊作夢一邊替寶寶泡牛奶，也可以在一分鐘之內完成一鍋好媳婦的老火湯。你看看，連喝得醉醺醺的酒鬼都可以應用自如，足以證明它的操作方式有多簡單了吧！

我借用酒鬼的神奇攪拌杓給自己變了杯熱可可，接著，我還喝了一杯小紹興的雞血湯，一杯花旗蔘茶，還有一杯吃不到燕窩的燕窩糖水。雖然都是湯湯水水的東西，但是我感覺我的肚子已經紮紮實實的被塡飽了，我問酒鬼：「你說你正在戒酒，那麼你都變些什麼來喝呢？」

「我……我都喝茶。」酒鬼回答。

「喝什麼茶？」我鍥而不捨的追問下去。

「……長島冰茶。」酒鬼低頭說了實話。

眞是狗改不了吃屎，酒鬼改不了喝酒！

酒鬼一方面覺得酗酒是件可恥的事，一方面又爲了忘掉自己的羞恥而繼續酗酒，如此惡性循環，酒鬼始終活在自己醉生夢死的小世界裡。任何人都無法使酗酒的人不酗酒，那是他自己的問題，只有他自己才能解決；每個人都有自己的人生要走，每個人也都有自己的責任要負。

臨走之前，我用神奇攪拌杓調了一杯飲料給酒鬼喝，我不知道世界上是不是眞的有這種飲料，但是我希望它可以幫助酒鬼忘記所有的羞恥和不快樂，這杯飲料就叫做「孟婆湯」，但願酒鬼喝了以後可以脫胎換骨、重新做人。

*6 軟綿綿太空床

吃飽喝足了之後，我來到了下一個星球，這個星球上面住著一個商人，根據書裡頭的記載，這個商人總是忙碌的數著天上的星星，他把星星的數目寫在一張小紙頭上，再把這張紙鎖在抽屜裡，然後，他就認爲他自己擁有了這些星星。

只是，當我遇見這個商人時，他並沒有在數星星，反而把自己關在一個看起來像是一個實驗室的小房間裡，低著頭手忙腳亂的動個不停。

「哈囉！」我向他打招呼，「你在做什麼？」

「我在發明新產品啊！」他只顧著埋頭苦幹，連看都不看我一眼。

「你不是只喜歡數星星的嗎？怎麼這會兒又變成一個科學家了？」

「上次來了一個小孩子，他提醒了我數星星發不了財，我應該在別人發明之前發明一些有專利的東西，然後把它賣給其他人，這樣我這個星球上的財富才會越來越多。」商人把兩種不同顏色的液體綜合在一起，引起了一陣小小的火花。

「那麼你在發明什麼？」我問。

「大概是十一年前吧！我因爲忙著數星星，運動量不足，所以得了風濕病，每當天氣變化，我就坐也不是，站也不是，躺著也不是，倒著也不是，坐立不安，非常難過，所以我想發明一張太空床，可以承載我的重量卻又不會增加我的壓力，讓我就像睡在一朵雲上面一樣。」

「那麼你成功了嗎？」

「世界上所有的成功都只是偶然。」商人的表情看起來有些無奈，不過他馬上信心十足的接著說：「但是我一定會成功的！」他的語氣令我想到自大的人，所有的發明家都必須這麼自大嗎？

沒多久，我發現他的確有足夠的本錢自大，因爲才一會兒的功夫，他所研究的產品就已經完成了。這張太空床不只樣子像一朵白雲，就連摸起來的觸感也和白雲無異，不僅彈性一流，還附有保濕功能，你可以一邊睡覺一邊做Ｓｐａ，第二天醒來立即容光煥發水噹噹。

更棒的是，這張床可以變大變小、伸縮自如，形狀大小都隨你塑造，晚上它是一張軟綿綿的床，白天它可以變成一張圓滾滾的沙發，出門時它又可以變成一張輕飄飄的魔毯，因時因地可以有不同的作用，一點兒也不佔空間。

這張床最大的功能是柔軟度和支撐力兼具，不但可以把你的脊椎調整到最正確的位置，也可以讓你保持最舒適的睡姿，可以說是軟骨症、失眠症、風濕病患和孕婦的最佳選擇。睡在上面就像懸浮在太空中一

般，完全不會有壓迫的感覺，有深白色、白色、淺白色、淡白色、慘白色五種選擇，每張床底下設有按鈕，輕輕一按，即可設定你所需要的大小、形狀、功能。

爲了回饋顧客，第一代產品還加贈全智慧保健按摩椅功能，你可以躺在柔軟的雲端上輕鬆享受全身按摩，另外，現在買還能享有十二期無息分期付款，沒睡過這張軟綿綿多功能床，別說你睡過覺！

我問商人：「這張床你要賣多少錢？」

「嗯……就賣一百顆星星好了！」商人回答。

這還不簡單！我手一伸，隨便指著宇宙中的一「坨」星星，「你數數看，那裡的星星夠不夠一百顆？」

「一、二、三、四……」商人專心的數了起來，等他數到了一百顆，他就在一張小紙條上寫下「一百」這個數字，然後把紙條放進他的抽屜裡，小心翼翼的替抽屜上了鎖。

他只志在擁有，根本不知道也不想知道他擁有的是什麼。

「現在，這張床是你的了，需要包裝嗎？」商人親切的問我，很有生意人服務到家的精神。

我搖搖頭，把這張床「摺」得口袋一般大小，放進了我的口袋。

再過幾個月，我的肚子會變得像西瓜一樣大，到了那個時候，躺著睡會壓迫到我的心臟，讓我呼吸困難，趴著睡又會壓迫到肚子，把我的寶寶壓扁，這張軟綿綿多功能床正好可以派上用場。不只如此，等寶寶生下來之後，這張床還可以充當他的搖籃，讓他一方面睡得安穩，一方面又可以保持頭型的弧度。

世上的媽媽都是一樣的，為了寶寶，要我把天上的星星摘下來我都願意，更何況只是付出幾顆原本就不屬於我的星星而已。

商人在賣出了第一個產品之後，又繼續躲進他的實驗室裡工作，我問他：「你又在發明什麼了嗎？」

「喔，我在看看有沒有什麼偷工減料的辦法。」商人答道：「每一個產品完成之後，我都會這麼做，這樣我才能節省更多的成本，賺到更多的錢。」

問世間錢爲何物，直叫人昧著良心也甘願。

我本來想順便向商人買那根可以製造各種飲料的神奇攪拌杓，但是商人說銷售情況太好，要等三天以後才會有貨。我只想趕快回家，別說是三天了，我連三小時都等不及，還剩下最後兩個星球，只要到過了那兩個星球，我就可以知道回地球的路了，我得趕緊出發才行！

商人忙得沒空和我說再見，我把軟綿綿太空床設定成一張魔毯，駕著一朵白雲，繼續「我們」的旅程。

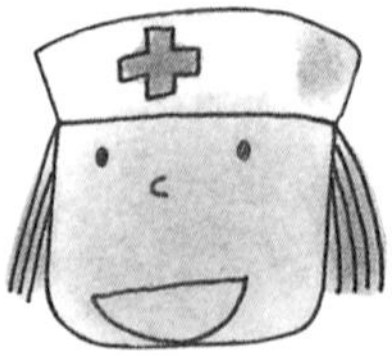

*7 心有靈犀對話器

下一個星球住著一個點燈人，這個星球很小，小得容不下兩個人，只有一盞燈，和一個負責關燈開燈的人。

點燈的規則千古不變，原本只需每天傍晚點燈，早晨熄燈就好，卻因爲這個星球越轉越快，一天變得只有一分鐘，點燈人這一分鐘才關燈，下一分鐘又要開燈，週而復始，一刻也不得閒，但是點燈人一直無怨無悔的遵守著命令，因此贏得了小王子的喜愛，在我出發之前，小王子還一再叮嚀我不要忘記替他向點燈人問好。

「你一直重覆著相同的動作，難道不覺得無聊嗎？」我問點燈人。

「晚安。」點燈人弄熄了燈，「以前我會覺得無聊，但是現在不會了，我向隔壁星球的商人買了一個『心有靈犀對話器』，現在我可以一邊工作一邊和我的燈聊天，日子變得有趣多了！」

點燈人說完，又點亮了燈。

不愧是個生意人，四周的星球全都是他的客戶，到處都可以看見他發明的東西。

「燈怎麼會說話呢？不是人才會說話的嗎？」我問。

「那是因爲人從來不會爲自己以外的東西著想，如果你肯替他們著想，你會發現其實每一樣東西都會說話！」點燈人面有慍色的說，一邊說一邊又把燈弄熄了。

「那麼，你們都聊些什麼呢？」

「我不能說。」

「爲什麼不能說？」

「我不能說，因爲這是命令。早安。」

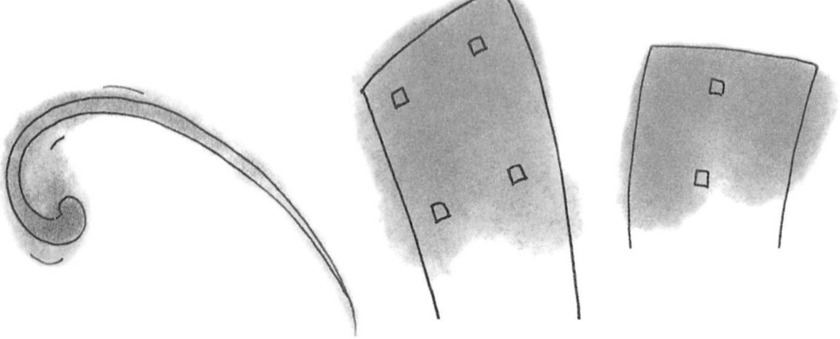

點燈人再次把燈點亮。

看來這個星球上有許多命令，下命令的人是點燈人自己，遵守命令的也只有他自己。難道他不知道自己也可以改變命令嗎？抑或是習慣了安逸的日子，讓人不敢輕言改變自己的人生？

我向點燈人借用一下他的「心有靈犀對話器」，想要和我肚子裡的寶寶說說話。

這個對話器長的有點像醫生的聽診器，我把它的一頭放在我的心臟位置，另一頭放在我的肚子上。「心有靈犀對話器」的意思，指的是用「心」來對話，而非眼耳口鼻這些外在器官。根據我的了解，這個產品的銷路並不好，因爲一般人習慣了忽略心靈的聲音，只一味的相信嘴巴吐出來的話，沒有人相信用心來對話是多麼必要的一件事，只有點燈人，因爲他關心他的燈，所以他想要和他的燈說話，正如我關心我的孩子，我想要和他說話。

「心有靈犀對話器」應用紅外線傳輸原理，不需要經過任何媒介，自然而然就能夠把對方想要表達的訊息傳遞到你的大腦裡，而你的大腦經過一番整理之後，也會以同樣的方式回應給對方。我想電影裡的外星人一定都是配戴著這種「心有靈犀對話器」，所以他們可以不用開口，就知道對方想要表達的意思。

這種對話器的設計也相當人性化，你可以選擇「全都露」、「露一點」、「露兩點」、「露三點」、「選擇性透露」這幾種方式來傳達你的訊息。

「全都露」表示把你腦中閃過的訊息完全不經過刪選就一股腦兒的傳達給對方。幾乎不會有人選擇這種方式，卻有很多人希望對方選擇這種方式；「露一點」表示只揀重要的地方透露，露的點越多，說的也就越多；最多人喜歡使用「選擇性透露」，由電腦自動篩選，只說好的、會令對方高興的話，你可以從心有靈犀對話器中聽到對方的眞心話，卻又不必擔心會因此而洩露出自己的秘密。

對大人來說，這是一個考驗眞實人性的產品，恐怕只有FBI才會願意購買。不過對一個孕婦而言，這是和孩子交流最好的橋樑，雖然寶寶還不會講話，但是我可以透過這個對話器，聽到孩子的心跳聲、打呼聲、笑聲、哭聲，也可以說故事給孩子聽，和寶寶分享所有的心事。每一個媽媽，都會希望擁有一台「心有靈犀對話器」，更棒的是，它還具有十五分鐘數位錄音功能，你可以錄下寶寶的呼吸聲、夢囈聲，將來寶寶離開母體之後，這會是個多麼好的紀念！

「糟了！我忘了點燈了！」點燈人只顧著向我說明這台對話器的用途，竟然有史以來第一次怠忽職守，違背了命令。

我安慰他說：「你看，你雖然忘了點燈，但是這個世界並沒有什麼不同啊！合理的命令你應該要遵守，但是不合理的命令，你就應該要試著改變。相信我，命運是可以自己創造的！」

點燈人懊惱的嘆了口氣，他現在不曉得自己是該開燈還是關燈了。

「這樣吧！我們趁這個機會把命令重新修正，從這一刻起，我命令你每十二個小時才可以開一次燈，開燈之後的十二個小時才可以關燈。現在，你可以開燈了！」我模仿國王的口吻，驕傲的宣布。

點燈人彷彿找回了生命的重心，必恭必敬的重新把燈點亮。唉，人爲什麼總是要等著別人下命令，不可以自己做自己的主人呢？

「太好了，我現在終於可以好好的睡一覺了，我已經不知道有多久沒睡覺了。」點燈人說完以後，就昏沉沉的睡了過去，我怎麼叫也叫不醒他，他說的沒錯，也許他眞的是已經很久沒有睡覺了。

我把「心有靈犀對話器」放在他的身邊，雖然我很想在懷孕的過程裡一直用這部機器和我的孩子對話，但是我知道點燈人比我更孤單更寂寞，他只有一個人，少了這台對話器，他就連一個可以陪他聊天的路燈都沒有了。「人應該爲自己以外的東西著想」，這是我從點燈人身上學到的。

*8 萬能鞋

下一個星球是除了地球以外我所到過最大的星球，上面住著一位從來不曾到過其他地方的地理學家。

「呵，又有一個探險家來了！告訴我，你是從哪裡來的啊？」他一貫公式化的口吻，讓我聯想起出境入境時的海關。

「我是從地球來的。」

「地球！那兒名聲不錯，我介紹很多人去過，不過從來沒有人回來告訴我地球到底長什麼樣子。你等等啊，」老先生匆匆忙忙的拿起鉛筆，調整自己的座位到一個適合寫字的姿勢，等到一切就緒了以後，地理學家鄭重對我說：「現在你可以好好介紹你的地球了！」

「嗯……地球，」我可以介紹我自己，介紹我的家，甚至介紹台灣，但我從來沒想過要怎麼介紹地球。我支支吾吾的說，「地球的百分之七十都是水，地球上有六十一億人口……」

「我們不記載人。」地理學家打斷我的話。

「爲什麼呢？」

「我們不記載人和花兒，」地理學家補充說明，「花兒朝生暮死，人醉生夢死，我們只記載永恆的東西。」

「好吧！那我說說地球上的山吧！地球上面最高的山脈是喜馬拉雅山，不過我沒有去過，我只去過阿里山和合歡山，阿里山上的神木已經被砍掉了，合歡山、合歡山……冬天……可以去賞雪……」說著說著，我的眼淚簌簌的掉落，阿里山、合歡山，我恐怕再也回不了家，再也沒有辦法看到這些山了。

「怎麼了？怎麼了？」老先生看見我泣不成聲的模樣，不由得也跟著驚慌失措了起來，「是不是那些山脈太崎嶇太難走了，才惹你傷心啊？」

老先生的關懷並無法止住我的眼淚，反而令我哭得更放肆，越哭越大聲。

既然我不點頭也不搖頭，地理學家就當我默認了，他翻箱倒櫃搜尋了半天，好不容易從他桌子底下的一大疊書堆中抽出一隻鞋子來，跟著又在他床底下抽出一模一樣的另一隻，老先生把這雙鞋放到我面前，神秘兮兮的對我說：「這是一雙萬能鞋，穿上它以後，再高的山你都可以爬得上去。」

我低頭看看我的雙腳，發現我居然一直都沒有穿鞋子。對呀！上一秒鐘我還在睡覺，下一秒就已經來到外太空了，怎麼可能來得及穿上鞋子？我試著套上那一雙「萬能鞋」，它的外觀看起來很厚重，沒想到穿在腳上卻出奇的輕巧，彷彿走在雲端上，輕飄飄的，一點感覺也沒有。

這雙「萬能鞋」是從前「紅舞鞋」衍伸而來的第三代產品，「紅舞鞋」只具備了讓人轉個不停的功能，「萬能鞋」卻還有紅外線掃描系統，可以偵測出方圓百里之內的各種路障，舉凡大小水坑或是路面凹凸不平，萬能鞋都會發出嗶嗶聲響，提醒你小心注意。過馬路的時候，萬能鞋會自動替你偵測四方來車，有了這雙萬能鞋，你即使走路不長眼睛也絕不會跌倒或被車撞，特別適用於看不見路的視障朋友以及大腹便便低頭看不見腳的孕婦同胞。

沿襲「紅舞鞋」的精神，「萬能鞋」針對懶人及孕婦設計了「追趕跑跳碰」功能，只要輸入你所需要的項目，你的腳就可以隨心所欲的開始走路、跑步、或是跳高，完全不花你一點力氣。你要走多遠就走多遠，要跑多快就跑多快，就算是在睡夢中，你也一樣可以行萬里路。非但不用擔心跌倒，還可以邊運動邊強身，人腳一雙，萬能鞋是孕婦的最佳良伴，也是灌籃高手的最佳選擇。

科技始終來自人性，長途跋涉之後，你一定很想坐下來放鬆一下。萬能鞋兼具腳底按摩功能，強調中國古法「扭捏捶打韻律微震」擬人化按摩方式，並設有自動定時裝置，睡覺之前「來這麼一下子」，包你輕輕鬆鬆一覺到天亮，舒舒服服連作夢都會笑。另外，萬能鞋使用高抗菌材質，附有除臭除濕功能，你可以放心享受，一點兒也不用擔心香港腳來犯。

「嘿、嘿、嘿，這雙鞋很不錯吧！」地理學家沾沾自喜的說，「這是好久以前一個經過這裡的探險家送給我的，他要我

有空的時候穿上它四處走走，眞是的！他難道不知道地理學家的責任太重大了，怎麼可以隨便離開他的書桌？不如你替我四處走走，再回來告訴我你看見的東西吧！不過別忘了，如果你看到一座山，你就要帶回來一些石頭，如果你看到一片海洋，你就要從那裡帶回來一些沙子。證據是很重要的，你是地球人，應該懂吧！」

我不懂，爲什麼光憑石頭就可以證明山的存在？光憑沙子就可以證明那兒是海洋？以管窺天、以偏蓋全，這些外星人的邏輯眞是奇怪。

我想起小王子告訴過我，下一個星球就是地球了，想到就快要可以回家了，我的心情忽然興奮了起來，也管不得別人的邏輯奇不奇怪了。

我穿著萬能鞋，乘著我的白雲，我就快要回到地球了，我將會是第一個遊歷過這麼多星球並且凱旋歸來的人，而且還會是全世界第一個登陸太空的孕婦！

「這是我的一小步，卻是人類的一大步。」不曉得阿姆斯壯在說這句話時，表情是什麼樣子的呢？

*9 蠻牛動力馬達

照著小王子的指示，我從地理學家住的「小行星三三〇號」出發，向東三十度飛行，一面飛一面慢慢的從一數到兩百八十七，之後再往南四十度繼續飛行就可以回到地球了。

我飛了很久很久，都看不見地球的蹤影，我的前方有幾許忽明忽暗的燈火，該不會那就是地球了吧！我加快速度，登上那顆星球，沒想到卻來到一座陌生的城市。

我所處的位置看起來像是一個市場，熙來攘往的人群，還有此起彼落的叫賣聲，看起來和地球上的景觀大同小異，我想這應該是地球沒錯，只是不知道這是地球的哪一部分。

「請問這裡是地球嗎？」雖然這個問題聽起來有點白痴，但我還是鼓起勇氣問了一位小販。

「地球？地球是什麼？是一種新的運動嗎？」小販老實不客氣的回答我。

怎麼會這樣？這裡並不是地球，那麼這裡是哪裡？我要怎麼樣才能回到地球？萬一回不去地球，我又該怎麼辦呢？一連串的挫折和無助擊垮了我，我腦袋一片空白，就像九二一大地震失去了家園的那些人一樣，我不知道自己該何去何從。小王子說的明明是「向東三十度飛行，一面飛一面慢慢的從一數到兩百八十七，再往南四十度繼續飛行就可以回到地球了。」爲什麼我卻來到了一個不知名的地方呢？

我回想我飛行的過程，我沒有精密的測量工具，所謂的「東三十度」只是粗略的估計。東三十度和東二十九度看起來差不多，但是飛行了十公里以後，這兩個點的位置就會相差「10×10×兩倍的$\cos\frac{1}{2}$度」的距離，那麼恐怖的差距啊！之後我繼續向南飛，也有可能犯了同樣的錯誤，更何況，小王子所謂「慢慢的數」究竟是多慢？總而言之，我迷路了。得先找到一個問路的人才行！

我每見到一個人就向他探聽「地球的下落」，但是這裡似乎沒有人有聽過「地球」這個玩意兒。我發現這裡星球的人有一個特色，就是女生大多穠纖合度，但是男人的身材卻多半已經走樣變形，還有不少男人胖得大腹便便，看起來像是帶球走路，比我這個孕婦更像孕婦。

就在我走到市集盡頭的時候，忽然有個胖男人「啊」地一聲大叫起來，然後虛弱的跌坐在地上，眾人紛紛圍過去探個究竟。

「他要生了！」一個男人大聲的宣布，其他的人看起來經驗十足，他們合力把這個胖男人攙扶上計程車，然後吩咐司機一路直駛前往醫院。

生？生什麼？如果男人也會生孩子，那麼男人是不是也有月經？

既來之則安之，我決定去最近的醫院檢查一下身體，既然這個星球也有「生孩

子」這回事，我想醫生應該可以理解我的狀況才對。只是我沒有想到，我居然會在醫院中引起這麼強烈的軒然大波。

一位醫生在檢查我的身體之後，瞠目結舌驚訝得無法闔上嘴巴。他用顫抖的聲音說：「你、你懷……懷孕了！」

「我知道我懷孕了，我只是想知道胎兒健不健康。」

「我、我不知道，你、你是我遇過第一個懷孕的……女、女人。」

「女人」這兩個字像是一句魔咒，醫生吞吞吐吐了好多次才從嘴巴裡把它吐出來。醫院隨即召開緊急會議，商討這麼樣處理我這個懷孕的「女人」，以我地球人的智慧，我開始了解這件事的來龍去脈了。這個星球一向都是由男人負責懷孕的工作，從來沒有一個女人有過懷孕的情況發生，難怪他們對孕婦的反應這麼強烈，就像我們地球人看到懷孕的男人是一樣的。

幾個小時以後，一群白衣天使圍繞在我身邊，他們告訴我，醫院決定把我列為研究項目，探討女人為什麼會懷孕。從今天開始，我的食衣住行將全部由醫院來負責，他們給了我一張床位，而我的室友是一個已經懷孕三十六周的男人。

飛了好久，我不但全身肌肉酸痛，而且還覺得飢腸轆轆，只好任由他們擺佈。飽餐一頓之後，護士在我腰部裝上一個電池大小的東西。

我問：「這是什麼？」

「這是電動馬達，可以在你懷孕期間幫助你保持精力。」

我的室友向我解釋，因為這個星球懷孕的都是男人，在男人懷孕期間，很多粗重的工作都沒有人做，所以才有人發明了這個「蠻牛動力馬達」，只要裝在腰上，就像化身成一

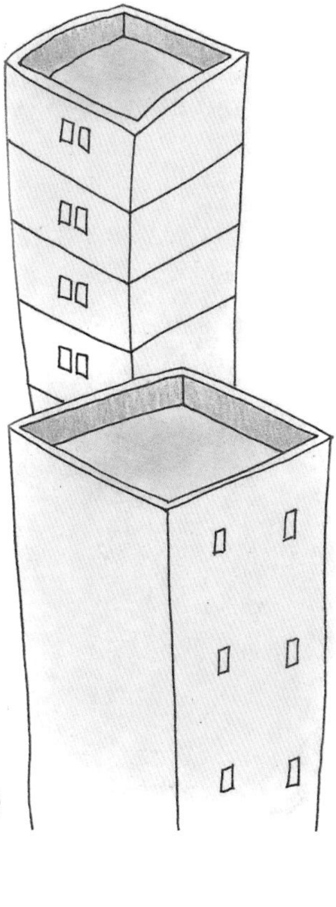

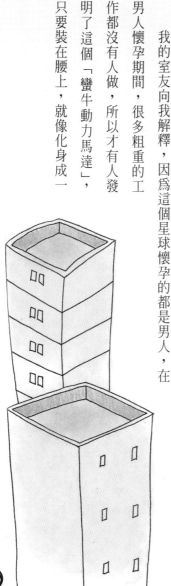

頭牛一樣，你怎麼動都不會累。雖然懷孕了，還是照樣可以工作、可以逛街、可以跳舞，甚至曾經有懷孕八個月的男人帶上這個去參加馬拉松比賽的哩！

你可以把「蠻牛電動馬達」設定成「休息」、「用力」、「賣命」任何一種狀態，然後你的大腦自然會接受它所發射出來的訊號，協助你的身體活動，讓你隨時都可以擁有源源不絕的精力，即使是懷孕，你也不用擔心家裡工作沒人做，上班無力被炒魷魚，「蠻牛電動馬達」讓你健步如飛、精力充沛，一個人擁有兩個人的力量！

我摸著微微隆起的腹部，把「蠻牛電動馬達」設定成「休息」，奔波勞碌了這麼久，我真的需要好好休息，心靈的疲累是再多的動力都彌補不了的。好好休息吧！孩子，我們可能永遠也回不了家了，但是無論去到哪裡，媽媽都會保護你的。還好，我們有兩個人的力量。還好，我還有你。

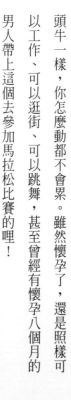

*10 胎教音樂手錶

這個星球的人把我奉爲上賓，不過，這是當然的嘛！我可是他們拿來研究的「生物」。他們對我呵護備至，不用勞動不用工作，天天吃得好又住得好，我在這裡的日子簡直比在地球上過得還舒服。

可是，我還是想家。

這一天，護士在我的手上帶了一隻像手錶的東西，難不成這是最新型的針孔攝影機？他們該不是想要監視我的一舉一動吧！身爲地球人，我是非常重視隱私的，想到自己挖鼻孔、摳腳趾的窘樣都有可能被人看在眼裡，我不禁起打了個寒顫，接著泛起一陣雞皮疙瘩。

「這是什麼？怎麼長得像手錶一樣？」我故意裝出漫不在乎的語氣，不想讓她知道我在乎。

「喔，你沒見過這個啊！」她看我的眼神像在看一個鄉巴

佬，我想起從前只要是面對不識貨的客人，我用的也是相同的眼神，現在我才知道，這種眼神是多麼的讓人難過。

那位護士接著說：「我們這裡每個懷孕的男人都要戴上這個，這是『胎教音樂手錶』，你有聽說過胎教吧？」

我點點頭，她繼續向我解釋：「因爲男人的脾氣比較暴躁，對胎兒不好，所以我們特別研究出『胎教音樂手錶』，戴上它，你隨時都聽得到音樂，可以保持心情愉快，對胎兒的成長發育有很大的幫助。」

這只手錶就像一台小型的隨身聽，只是省去戴耳機的麻煩。媽媽只要把手放置於

腹部，就可以和寶寶一起聽音樂。它的音量固定在方圓一公尺的收聽範圍，你完全不必擔心會影響到其他人的安寧。一共有「愉悅」、「高興」、「開懷」、「興奮」、「樂不可支」這幾種功能，只要設定好以後，手錶就會自動播放音樂，讓音樂影響你的腦波，製造出你想要的情緒。

有了這只「胎教音樂手錶」，媽媽隨時可以保持好心情，不怕得產前產後憂鬱症。另外，音樂的旋律還可以幫助胎兒腦部律動，促進大腦發展，聽說這裡的小孩兩歲就會算三角函數、三歲就會用鋼琴演奏「大黃蜂」的比比皆是。

這個星球上的人也從來沒有聽說過什麼精神病症，或是嗑藥吸毒的行爲，因爲這只手錶不但適合懷孕的人使用，還具有遠離憂鬱的效果，不管你是心情煩悶或是情緒不佳，是二十八天到了還是更年期來了，只要選擇你想要的情緒，心情就會自然的High起來，這是一只使人快樂的音樂手錶。

最近，「五燈獎唱片」和「怪獸電力公司」技術合作，更推出最新款的「胎教音樂手錶」，具有卡拉OK伴唱功能，除了享受音樂之外，你還可以興之所致高歌一曲，兼具胎教與休閒功能。

雖然已經介紹過了，不過還是要再強調一次，它的音量可以隨時調整，只有方圓一公尺才能聽見，所以不管你是破鑼嗓子還是五音不全，有了這只「胎教音樂手錶」，你可以盡情的唱、放心的唱、天塌下來也不管的唱……，前一百名訂購的客戶，還加贈澎大海一壺喔！

有了這只「胎教音樂手錶」，我的心情忽然好了很多。世界上沒有走不下去的路，只有走不下去的人，如果想要回家，我必須靠自己繼續走下去。宇宙中的星星雖然有這麼多，但是只要我努力走下去，假以時日，一定可以回到地球的。我絕對不能放棄！

下定決心之後，我擬定了一個離開醫院的計畫。趁著我室友臨盆，周圍一陣混亂的那晚，我穿上我的「萬能鞋」，躡手躡腳的走出門外，一路上，萬能鞋不時發出嗶嗶的聲響提醒我附近有人，我小心翼翼的躲藏著不被發現，一直到走出醫院之後，我才拿出我的「軟綿綿太空床」把它變成魔毯，乘雲駕霧而去。

我飛到半空中，聽到地面上有個小孩大喊：「看！有飛碟！」小孩旁邊的大人頭也不抬，只附和著說：「是，有飛碟。好了，現在可以去睡覺了吧！」我看著小孩失望的神情，想起小王子孤獨的側臉，終於明白不被了解是多麼難過的一件事。

如果還能見到小王子，我一定要把我的「胎教音樂手錶」交給他，我要把「快樂」送給他。

*11 恆溫孕婦裝

因爲我對回家的路一點兒概念也沒有，我只好每經過一個星球就停下來拜訪，希望可以探聽到一些關於地球的消息。我好後悔當年沒有認眞讀書，現在連九大行星都背不出來，更別說是這個像迷宮一樣複雜的宇宙了！

我降落在最近的一個小星球上面，這個星球和小王子的星球差不多大小，卻異常炎熱，一來到這裡，我覺得自己熱得就要溶化了。這個星球上面住著一個膚色像黑炭一般的人，他一看到我來，興奮的直揮手，「啊！你好啊！你是我的第一個訪客，我的星球和太陽的距離太近了，所以沒有人敢來，你是怎麼來的呀？是專程來探望我的嗎？」那個像黑炭般的人滔滔不絕的說著，我終於知道黑人的饒舌歌曲爲什麼這麼有名了！

雖然不太禮貌，但我實在是熱得受不了，只好不停的用手搧風，希望可以感覺到一絲涼意。奇怪的是，這個曬得跟黑炭似的人卻好像一點兒也不覺得熱，他一派悠閒的坐在絨布沙發上，甚至還問我要不要來杯熱茶，我忍不住抱怨道：「這裡實在太熱了，難道你沒有冷氣或是冰塊之類的東西嗎!?」

「不許你侮辱我的星球！我的星球既舒適又涼快，一點兒也不熱！」

每個人對字彙的解讀都不同，比如說「老成」這個字對某些人而言是「成熟穩重」的意思，對另外一些人來說卻是「老氣做作」的解釋，一種是讚美，一種是批評；又好比「Bitch」這個字，有的人覺得是用來罵人的，但是在好朋友之間，這又是一種很普遍的字眼，說人家是「Bitch」，一方面代表你壞得夠味，一方面又證明我們的交情夠好，可以禁得起這類衝擊性強的字眼。說者無心聽者有意，每個人對每一個字都有不同的感受。只是我不明白，在這個星球上，「熱」這個字怎麼會

是一種侮辱？

我注視著這個黑人的臉，發覺他臉上竟然連一滴汗水也沒有，這是怎麼回事？難道是我的神經系統出了問題，只有我覺得熱，其他人一點也感覺不到熱嗎？啊！對了！一定是我目前的「身體狀況」在搞鬼。

「因爲我懷孕了，所以覺得很熱，請問你有沒有冷氣或冰塊之類的東西？」是是是，是我的問題，不是你的問題！我賠著笑臉、耐著性子，極其禮貌的請求，再不給我一些降溫的東西，我就要冒煙了。

「我們這裡不需要那些東西，只要穿上我們星球的傳統服裝，你就不會覺得熱了。」黑人信心滿滿的說。

「只要再穿一件衣服，你就不會覺得熱了。」這句話的邏輯聽起來好像是「只要再多吃一點東西，你就會瘦了。」

有可能嗎？

雖然半信半疑，但我還是換上了他所謂的「傳統服裝」——一塊像毛巾似的布，剛剛好足夠包裹住整個身體。穿上這塊布，黏膩的感覺一掃而空，取而代之的是恰到好處的冰涼輕快之感，這塊布究竟有什麼特殊之處呢？

黑人說，這塊布是他們祖傳的「恆溫布料」，無論你是冷得發抖或是熱得發燒，這塊布的溫度永遠維持在攝氏二十度，也就是說，不管你去到哪裡，氣候怎麼樣，只要穿著這塊布，你就可以一直身處在攝氏二十度的環境中，享受隨時隨地的沁心舒暢。這是他們星球遠古以來的驕傲，在他們的字典裡，是沒有「冷」或「熱」這兩個字的！

我想起地球上的孕婦同胞們，即使在炎熱的夏天裡，都還必須挺著大肚子走路，又是扇子又是手帕的，模樣好不狼狽！若是有了這件「恆溫孕婦裝」，不管是酷暑或是寒冬，人體溫度都可以保持在最舒適的狀態中。免於風吹日曬，是準媽媽們應有的福利。

「恆溫孕婦裝」採用百分之百高透氣質料製造，你不用擔心任何皮膚紅、皮膚癢、皮膚過敏的問題出現。穿上它你就像穿了「國王的新衣」一樣，全身上下每一個毛孔都可以自由的呼吸。另外，「恆溫孕婦裝」還附加了防塵除臭功能，不論你穿了多久，都絕對不會髒、不會臭，穿過了以後，直接把它收納於衣櫥即可，內附高科技奈米光觸媒全自動消毒系統，省去搓洗沖泡的麻煩。

爲了滿足婦女同胞愛美的天性，新一季「恆溫孕婦裝」特別請來十大知名品牌設計師共同合作，讓懷孕的婦女依然能散發出華麗優雅的貴婦氣息，穿上「恆溫孕婦裝」，就算大著肚子仍然可以吸引到許多男人的注目禮，魅力不減，風采不褪。懷孕的女人最美麗，就從這件高貴不貴的「恆溫孕婦裝」開始！

難怪黑人全身曬得像焦炭似的，卻一點兒也不覺得熱，我由衷的讚美道：「你的祖先眞是太聰明了，發明了這個好東西！」

「就是說呀！」

黑人得意洋洋的神色，讓我忍不住想挫挫他的銳氣。我不懷好意的說：「既然你祖先這麼厲害，你一定也很聰明囉！你又發明了什麼好東西，拿出來給我見識一下嘛！」

不出我所料，黑人啞口無言，我就是算準了像他這麼容易自滿的人絕對發明不出什麼好東西！

「你祖先的成就又不代表你自己的成就，你有什麼好得意的？應該覺得慚愧才對！說自己多棒多驕傲，還不是靠家裡。你的祖宗八代那麼優秀，怎麼會生出你這種一事無成的蠢材？」我罵得過癮，講話也大聲起來了，「如果我是你啊，我就會認認眞眞發明一點東西，不會只坐在那裡誇耀自己祖先的豐功偉業了！」

「那……那我該發明些什麼呢？」黑人問。

「嗯……，」我靈機一動：「你可以想個辦法把自己變白。黑人變成白人，我保證你在地球上一定可以一炮而紅。」

「地球？地球是什麼？」

看來，他也是個沒讀過天文學的傢伙！星海茫茫，我該如何才能回到地球呢？

*12 懶人運動衣

下一個我所到達的星球漂亮的像一座公園一樣，蒼翠綠地、碧海藍天，那景致太過美麗，以致於我看得目不轉睛。好不容易回過神來，我發現這座「公園」中央有一座舞台和一群人，好像正在舉辦什麼活動。

舞台上的布條寫著幾個我看不懂的大字，我問人群中的一位歐巴桑，「這些人是在做什麼？」

歐巴桑驚訝的反問我：「你不知道嗎？今天是一年一度的運動會啊！」

「運動會？那一定有很多比賽項目囉！」我向來喜歡湊熱鬧，遇上這種「一年一度」的好事，我怎麼可能輕易放過？

「你是眞不知道還是假不知道，我們的運動會從來都只有『舉重』這個項目啊！」歐巴桑說。

「爲什麼？一般運動會不是都還有田徑、游泳、跳遠、跳高這些比賽，這些項目都很有趣，爲什麼不比比看呢？」

歐巴桑狐疑的打量著我，「你好像不是我們這裡的人，對吧！」

「嗯，我是從地球來的。」我簡單的自我介紹。

「地球？地球是什麼地方？我從來沒有聽說過。」

幸好我原本就沒有抱太大的希望，所以對於歐巴桑的回答我也沒有太失望。爲了不讓他發現我是個外星人，我試圖轉移他的注意力，「爲什麼只比賽舉重呢？」我重新又問一次。

「你難道沒聽過『懶人運動裝』嗎？」我搖搖頭，他繼續說：「我們這裡的人個個都是運動家，『懶人運動裝』是我們的特產，因爲我們每一個人都希望身材健美，但是持續運動又是一件多麼累人的事，所以就有一個博士發明了這種『懶人運動裝』，只要穿上它，你的手腳就會自動開始運動。」

「懶人運動裝」，內建數十種運動項目，無論是「仰臥起坐」、「伏地挺身」、「跑步」、「跳繩」、「游泳」、「跳高」……全都難不倒它，只要穿上「懶人運動裝」，你就可以馬上化身爲運動健將，選擇好你所要的運動項目和級別，你要跑多久就跑多久，要跳多高就跳多高，無論是「狗爬式」還是「青蛙跳」，「懶人運動裝」都可以幫助你輕鬆做到，讓你在不知不覺就可以鍛鍊出健美的身材，維持健康的體魄。

你懶得像豬嗎？你一點兒也不想動嗎？你肚子大到動不了嗎？不要緊，有了這件「懶人運動裝」，它會針對你的身體狀況調整你所需的運動方式，讓你動得輕鬆、動得自然、動得一點也不累。另外，還有專門爲孕婦設計的腹部加寬尺碼，醫生建議，孕婦產前多運動有助於順產，產後多運動有助於減肥；只是挺著一個大肚子，孕婦想動也動不了。現在，你可以大大方方的偷懶，只要穿上懶人運動裝，你愛怎麼動就怎麼動，想什麼時候動就什麼時候動，只需啓動開關，「懶人運動裝」就會自動幫你動！

「懶人運動裝」採用高彈性纖維製造，你不必擔心吹風整燙對衣料造成的傷害，也不用擔心汗水附著於其上。現在訂購，不但享有九百九十九年保固服務，還加贈運動飲料一卡車。

「雖然我已經七十歲了，可以我還可以連續做一百下仰臥起坐呢！」歐巴桑驕傲的說，「不過，這種『懶人運動裝』缺少一個功能，就是『舉重』。它可以幫助你運動，卻不能幫你搬東西。所以我們這裡的運動會，唯一比賽的項目就是『舉重』，其他的運動只要穿上『懶人運動裝』，大家都不分軒輊，只有『舉重』才看得出每位選手的眞本事。」

鐘聲敲了十二下，舉重比賽正式開始，第一位上台的是一個矮個子選手，他身材嬌小，體重只有五十公斤重，卻一口氣舉起了一百公斤的鉛塊，眾人紛紛給予熱烈的掌聲。第二位選手可就不同了，他足足有九十公斤重，「呵」的一聲，舉起了

一百五十公斤重的鉛塊，台下更是掌聲如雷，氣氛激昂到了極點。下一個選手更不得了，他的兩條腿粗得像大象一樣，每踏一步，台上都會發出「咚咚」的聲響，恐怕連日本的相撲選手都會自嘆不如，三號選手的體重近一百五十公斤，只見他雙腿一蹲，一鼓作氣舉起了兩百公斤的鉛塊。台下的人一個個看得目瞪口呆，不用說，今年的冠軍一定是他了！

到了頒獎的時刻，評審公布比賽成績，金牌得主……金牌得主居然是那位小個子選手！評審說，小個子選手雖然只舉了一百公斤，卻是他自己體重的兩倍，因此毫無疑問是今年的冠軍。

而獲得這個冠軍有什麼好處呢？除了金牌一面，還可以獨享一整年無給薪爲全民造橋鋪路的權利。「能者多勞」是這場運動會的終極目標，大家賣力的參與比賽，竟然只是爲了得到不計報酬爲民衆服務的機會？

這個星球的人，果眞個個都是不可多得的運動家！

*13 儲存養分口袋

下一個星球沒有住人，只有一片荒漠。

「早安！」一個聲音說。

我環顧四週，沒有看到人，「我在這裡，」那個聲音繼續說，「在你腳邊。」

我低頭一看，發現我腳旁的土地上種著一株仙人掌，難道是這株仙人掌在跟我說話？不過，經歷過這麼多離奇的事情後，「植物會說話」這件事看來也沒有什麼好大驚小怪的了！畢竟這裡是外星球，相對本地人而言，我這個「外星人」才顯得格格不入呢！

地球人因爲畫地自限，所以地球上有好多種語言，但是外太空的

語言卻是共通的，我到目前爲止還沒有碰過無法溝通的對象，這是外太空可愛的地方吧！

我問這株仙人掌：「是你在跟我說話嗎？」

它說：「對啊！你長得眞奇怪，你是從哪裡來的呢？」

「我是從地球來的，地—球—，你聽過這個地方嗎？」

「啊，好像有點印象。如果你肯請我吃東西的話，我或許會想起來。」仙人掌說。

吃東西？仙人掌應該吃些什麼呢？我把我從上一個星球A來的運動飲料分給它一些，但是它並沒有馬上喝下去，反而儲存在它的、它的「口袋」裡。因爲這裡的仙人掌莖部有個微微突出的縫隙，就像無尾熊的育兒袋一樣，我把它稱作是仙人掌的「口袋」。

「那是什麼？」我指了指它的「口袋」。

「拜託！你連這個都不知道。」仙人掌輕蔑的說，「我生長在這個鳥不生蛋的

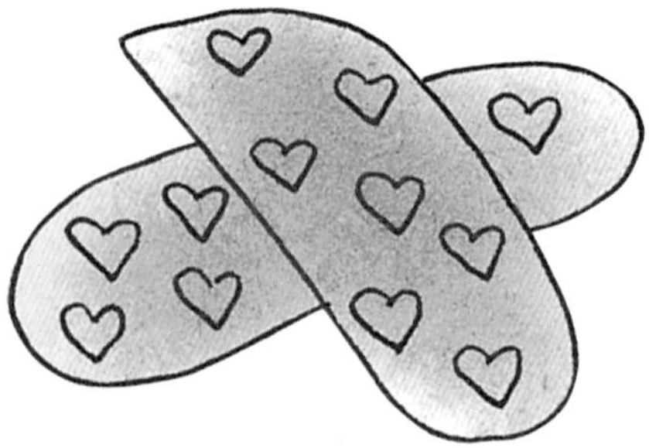

鬼地方，終年不下雨，又不會有人經過，要不是用這個口袋來儲存養分，我早就餓死了，哪像你們地球上的仙人掌這麼幸福，茶來張口、飯來伸手的，我可得自己養活自己啊！」仙人掌的口氣聽起來像個不甘寂寞的深宮怨婦，看來，它好像真的知道地球上的事情。

「這樣吧！如果你肯再多給我一些食物，我不但送你一個儲存養分的口袋，還免費告訴你去地球的路。」深宮怨婦搖身一變，又變成了一個討價還價的商人。

「你那個儲存養分的口袋是仙人掌專用的，對我來說一點用處都沒有，我要它來幹嘛？」

哼！得寸進尺，我才不吃它那一套。

仙人掌看我愛理不理的樣子，急忙解釋說：「你不知道，它的功能可大呢！你回地球的路還長的很，有了它，你可以像我一樣把養分儲存在裡面，需要的時候隨時拿出來攝取一點，保證你營養均衡，長得跟我一樣頭好壯壯。」

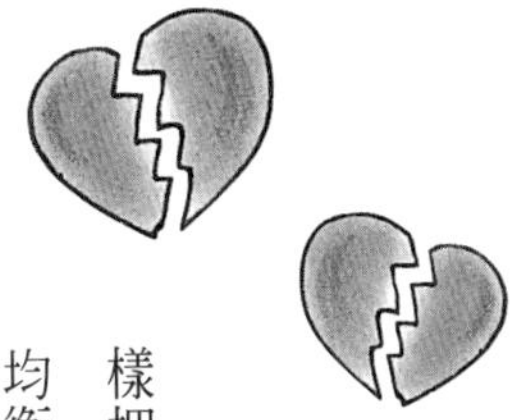

「儲存養分口袋」，可以從各種食物中提煉出養分，不管是枯樹枝或是狗大便，只要一裝進「儲存養分口袋」，它就會自動爲你提煉出食物最精華的部分，化腐朽爲神奇，讓你的營養不虞匱乏，特別適用於需要大量養分的孕婦以及營養不足的瘦皮猴。

「儲存養分口袋」採用流線型設計，外觀優美，使用方便，只需用針線縫在衣物上，就可以把養分輕鬆帶著走。「儲存養分口袋」內部爲分層構造，分爲「很營養」、「非常營養」、「七年之養」、「不痛不養」這幾種養分。你可以隨身攜帶、隨時補充，不必花大筆銀子，就可以得到比燕窩魚翅、千年靈芝更珍貴的養分。爲了寶寶的健康，媽媽們怎能不人手一袋？

地球上的準媽媽們，有了這個

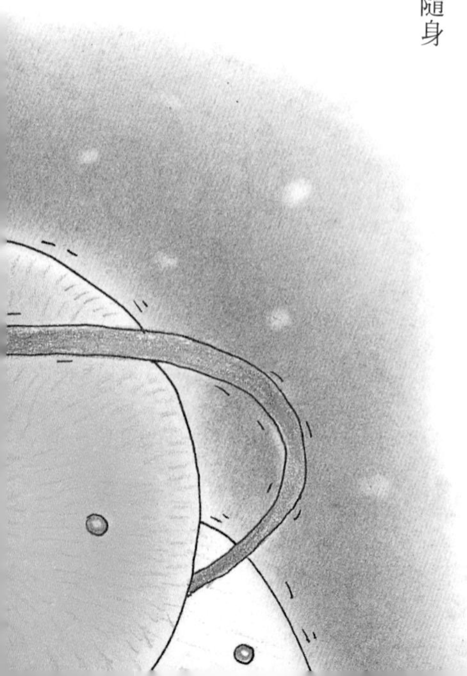

*13 儲存養分口袋

「儲存養分口袋」，你不用花時間熬補湯，不用花錢買藥材，一樣可以自給自足，吃什麼都營養。任何垃圾食物放進口袋裡都可以變成對身體有益的養分，這是一個名副其實的養分製造機，限量發行，只送不賣，心動不如馬上行動！

我想起我在太空已經流浪了好一陣子，雖然不覺得餓，但是卻不能不考慮到寶寶的營養。我把我僅有的兩瓶運動飲料送給仙人掌，換來一個「儲存養分口袋」。我伸手抓一把沙子放進口袋裡，再拿出來時，沙子已經不再是沙子了，而是一點一點閃爍著光芒的小顆粒，看起來像是珍珠粉，我用舌尖沾了一點嚐嚐看，發現這些粉末相當美味，而且一吃進去，肚子立刻有一種飽漲的感覺，這個「儲存養分口袋」眞是太好用了！

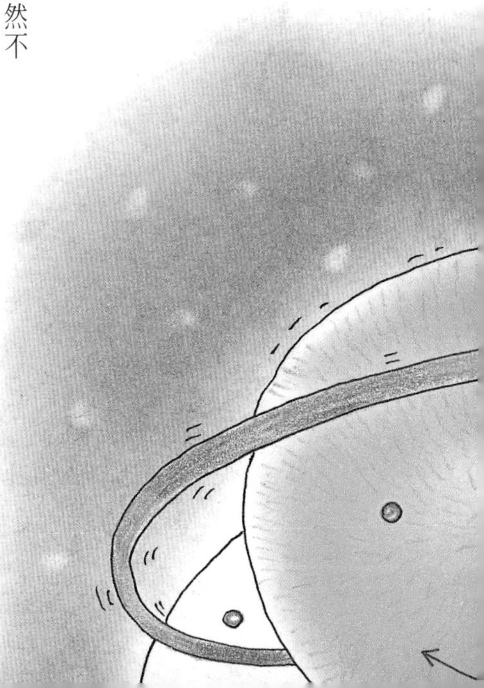

「好了，現在你可以告訴我地球在那個方向了！」我對仙人掌說。

「嗯……我很久以前曾經去過，你就一直往南邊飛，一直飛一直飛，就可以飛到地球了。」

和仙人掌告別之後，我照著它的指示往南邊一直飛，飛到我精疲力盡了以後，我還是看不到有任何星球，甚至連流星都沒有，等一等……仙人掌生長在泥土裡，它怎麼會「在很久以前曾經去過地球」？我摸摸我的上衣，果眞，「儲存養分口袋」已經不翼而飛！

仙人掌說得天花亂墜，一直有意無意的在言語中提及「地球」，原來只是想要搏取我的信任，騙得我的飲料，畢竟它是一株帶刺的仙人掌。而我呢？聰明反被聰明誤，曾經上過當的傻瓜比從來沒有上過當的傻瓜更多疑。

不管對人或對植物來說，奸詐都是一種狡猾式的聰明。外太空一點兒也不比地球可愛！

*14 超靜音安眠枕頭

多虧仙人掌的「幫忙」，飛了幾天幾夜，我總算找到一個可以落腳的星球。這個星球氣候宜人，大小適中，只是位於宇宙的交通樞紐地帶，不時有流星經過，製造噪音，擾人清夢。因爲旅途勞累，我在這裡停留了幾個晚上，卻沒有一天睡得好，每每當我快要入睡的時候，「咻」一聲，流星畫過，我就被吵醒了。

因爲晚上睡得不好，所以白天只好一直打瞌睡，因爲白天打瞌睡，所以晚上更難入眠，如此惡性循環下去，我根本不能繼續我的旅程，深怕一旦昏昏沉沉的上路，不小心釀成什麼宇宙交通意外，引發星際大戰，那我不就成了千古罪人了嗎？

就在這個時候，我遇到了這個星球上唯一的居民。這些天來，因爲我一直住在東邊，而他一直住在西邊，所以我們彼此完全沒有交集，根本不知道對方的存在。而今天正逢禮拜天，是他必須巡視領土的大日子，所以他才會走到東邊來，並且發現了我這個陌生人。

「妳……妳是誰？」他對我的出現表示驚訝，彷彿從來沒有見過「人」一樣。

「……我是從地球來的，你聽說過地球嗎？」不知道從什麼時候開始，這句話已經成爲我的固定開場白了。

「地球？地球是什麼？」

「地球是一個星球，而且比你的星球大多了。」

「怎麼可能？這個世界上還有別的星球？我在這裡住了這麼久可從來都沒有見過。」

又是一個井底之蛙！在他的心目中，太陽是繞著他的星球轉的，宇宙中除了他自己的星球以外，根本不會有其他東西存在。當然，在他的觀念裡，宇宙也應該只有他一個人才對，所以他才會對我的出現大感意外。

「如果沒有別的星球存在，那每天經過這裡的流星又是什麼？」我反問他。

「我管它是什麼？反正它對我的生活一點影響也沒有，我爲什麼要知道它是什麼？」

這一次，輪到我說不出話來了，「怎麼會沒有影響呢？那些流星每天晚上吵得我睡不著覺，難道你一點感覺也沒有嗎？」孕婦的情緒起伏總是比較大，我忍不住激動的說。

「喔，因爲我用的是『超靜音安眠枕頭』嘛！只要頭一沾到枕頭，馬上就睡著了，那些小玩意兒怎麼可能影響到我呢？」

「超靜音安眠枕頭」由大衛魔術師設計，採用上等高級吸音材質，只要你的頭部一碰到它，「超靜音安眠枕頭」就會發出類似催眠的電波，刺激腦部神經，使人昏昏欲睡，不到三秒鐘的功夫，你就已經進入深沉的夢鄉，完全沒有失眠的困擾。

「超靜音安眠枕頭」並附設「鬧鐘裝置」，你只需在睡前調好起床時間，時間到了就會自然清醒，一點兒也不用擔心睡過頭。爲了防範睡覺時可能發生的緊急情況，「超靜音安眠枕頭」還設有紅外線偵測功能，萬一發生火災、地震等意外狀況，「超靜音安眠枕頭」會在第一時間自動把你叫醒，保證你睡得好、醒得快！安安心心一覺到天亮。

應廣大觀眾要求，新一代「超靜音安眠枕頭」還增加了「防止賴床功能」，杜絕你所有賴床的習性，讓你一睜開眼睛立刻精神百倍，準時向打卡鐘報到！醫學報告指出，孕婦需要充足的睡眠，但是溫度、噪音、大肚子卻總是令人輾轉難眠。這個時候，你需要「超靜音安眠枕頭」，只要你有頭，你愛怎麼睡就怎麼睡，「超靜音安眠枕頭」解決你所有失眠問題。

既然人們可以住得好又睡得好，那麼他的星星只是很多星星中的一顆，又有什麼關係呢？其他的星星對人們的生活一點影響也沒有。

我告訴星球的主人：「你相信什麼，那麼它就是什麼。」

青蛙在井底的生活是快樂的，你又何必告訴他他並不是自己想像的那麼快樂呢？等到他有一天離開了井底，他會發覺自己原有的世界是多麼狹小。

人們總是在知道很多之後，才會發現自己知道得並不夠多。

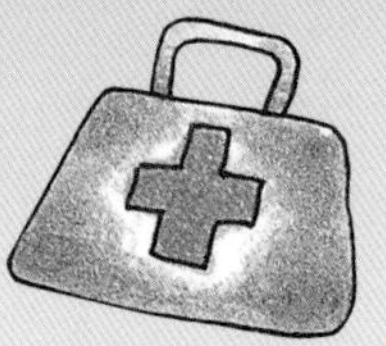

*15 腳趾頭繃帶

我肚子裡的寶寶正在踢我！離開地球至今已經不知道過了多少天了，寶寶的生命跡象越來越明顯，我也越來越能感受到爲人母的喜悅。那是一種多麼奇妙的感覺，一個小生命無條件的依賴你、信任你，我們相依爲命。懷孕眞好。

我降落的星球比前幾個都還要大，上面住的居民人數出乎我意料之多，密密麻麻的人口簡直比東京還要集中。

奇怪的是，這個星球上的人大多是小孩和嬰兒，每一個大人的身邊都環繞著五、六個孩童，但是這些孩子們的爸爸媽媽看起來卻只有十五、六歲的模樣，很難

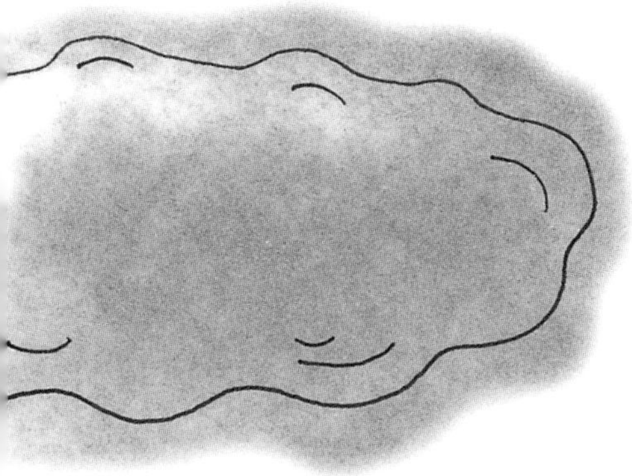

想像他們這麼年輕就已經是五、六個孩子的父母。難道這裡的人和小貓小狗一樣，一生就是一窩？還是他們的發育特別早熟，七、八歲就有能力生孩子？

我走在路上，不少路人對著我隆起的腹部投以好奇的眼神，彷彿他們沒見過懷孕的女人一樣。終於有一個男人忍不住走到我面前，摘下他的帽子，彬彬有禮的對我說：「我是個醫生，對你的肚子覺得很好奇。能不能請你告訴我你的肚子是怎麼一回事？」

我該如何向一個醫生解釋「懷孕」這回事呢？我告訴他：「我的寶寶住在我肚子裡，要等到他長得夠大才可以出來。」

不知道他們聽不聽得懂我在說什麼。

這個自稱是醫生的男人聽了，臉上寫著一副不可思議的表情，他回頭向幾位同伴交頭接耳的說了幾句話，那些人聽了以後，臉上也不約而同的出現了難以置信的樣子。我反問他們：「你們這裡滿街都是嬰兒和小

孩，難道不是從肚子裡生出來的嗎？」

「肚子？肚子怎麼能生孩子？肚子裡裝胃和腸，是用來消化食物的，和生孩子有什麼關係？」其中一個男人說。

「你說的是男人的肚子，女人的肚子除了胃和腸，還有子宮啊！子宮就是小寶寶住的地方。」我試著替他們上一課「健康教育」，但是看他們一頭霧水的樣子，我想他們也許連「子宮」是什麼都不知道。

想不到他們聽不懂的不光只有「子宮」，他們聽了我的解釋，居然一臉茫然問我，「什麼叫做男人？什麼叫做女人？」

這下子，輪到我目瞪口呆了。我回想起一路上

*15 腳趾頭繃帶

我所見到的人，每個人都長得大同小異，是我在潛意識裡根據他們的容貌、儀態，主觀的替他們加上了「這是男人」、「這是女人」的標記，仔細一看，所謂的「男人」、「女人」根本沒有差別，這個星球的人根本沒有性別之分，那麼，小孩又是從哪裡來的？

原先問我話的男人，不，原先問我話的「人」向我解釋，這個星球上的人是由「水螅」這種生物演化而來的。居民只要年滿十五歲，你就可以領到一捲「腳趾頭繃帶」，把這捲繃帶纏繞在任何一根腳趾頭上，每天按時澆水，經過七七四十九天以後，纏著繃帶的腳趾就可以連根拔起，這時候再把繃帶拆開，你就會看見一個如假包換的嬰兒。

每個人都有十根腳趾頭，也就是說，你最多只能擁有十個孩子。每生一個孩子意味著你要失去一根腳趾頭，這是爲了提醒世人，孩子永遠是父母身上的一塊肉。

有了這捲「腳趾頭繃帶」，你不用再爲生不出孩子而煩惱。不管你正值「蟲蟲危機」還是「蛋量不足」，是因爲年輕時太喜歡打手槍或是不懂事造過太多孽，只要有了這捲「腳趾頭繃帶」，生兒育女就像母雞下蛋一樣簡單。

它的構想源自於水螅的出芽生殖，只要將這捲繃帶纏繞在腳趾頭上，經過一段時間的悉心照料，腳趾頭就會自動脫落，演變成一個獨立

*15 腳趾頭繃帶

的新生命。在這個不倫的時代，還有什麼比「腳趾頭繃帶」更能保證你的孩子絕對是你親生的呢？

人工受孕太煎熬，試管嬰兒太冒險，如果你有不孕的困擾，這捲「腳趾頭繃帶」絕對是你的不二選擇。「腳趾頭繃帶」，貼心爲您傳宗接代！

我低頭看看他們的腳，其中一個人的腳上只剩下兩根腳趾頭，另一個人的腳上還有六、七根之多，還有一個人的腳趾頭是完整的，一根也沒少，他說這是因爲他還未滿十五歲。爲什麼是十五歲，而不是十四歲或十六歲呢？

他們說，因爲發明這種「腳趾頭繃帶」的人是在十五歲那年實驗完成的，從此以後，「過了十五歲才能生孩子」就變成了一種規定，所有人一致認爲，十五歲是最適合生孩子的年紀，他們簡直不敢想像世界上怎麼會有我這種二十好幾的「高齡產婦」。對他們來說，生孩子的目的就是爲了養孩子，但是對地球人而言，生孩子往往是一時縱慾的後果。難怪人家可以十五歲就生孩子，他們十五歲就已經比三十歲的地球人都還要成熟懂事負責任了！

少了性別，少了慾望，也許便可以省卻不少麻煩。

臨走之前，他們送了我一捲「腳趾頭綳帶」，希望我可以和這個星球的人一樣多子多孫。我何嘗不希望自己兒孫滿堂、頤享天年呢？只是孩子，媽媽必須先給你一個家，這是無論如何我都應該爲你做的事。

*16 高透氧腿部消腫襪

如果當年上天文學的時候沒有打瞌睡就好了，如今我迷失在茫茫星空裡，像隻蒼蠅似的一點頭緒也沒有，越來越重的肚子壓得我的腿都麻痺了，爲了找一個可以安坐下來的地方，我降落在最近的星球上。

這個星球住著一隻蜜蜂，它的身軀像人的拇指一般龐大，但是四肢卻和蟑螂的觸鬚一般細小，頭重腳輕的感覺令我聯想起「丸子三兄弟」，我忍不住「噗嗤」一聲笑了出來。

「喂喂喂！」蜜蜂抗議道，「你不知道當著人的面前笑是很不禮貌的事嗎？你再笑我就叮到你笑不出來！」

我急忙收斂起我的笑容，想起小王子在地球上被蛇咬的遭遇，我可不想在外太空中被一隻蜜蜂叮得滿頭包。

「對不起，」我試著打圓場，「因爲你實在太可愛了，所以我才會忍不住笑了起來。你是我所見過最特別的一隻蜜蜂，爲什麼你的手和腳都長得特別細呢？」

我的迷湯果然奏效，這隻蜜蜂馬上把我當成了知心好友，滔滔不絕的對著我訴苦。他說，他原本是一隻苗條的蜜蜂，終日營營役役的採著花蜜，生活固然忙碌卻十分快樂。直到某一天，他在樹下發現了一個老舊的蜂窩，蜂窩裡頭早已人去樓空，只殘留著大量的蜂蜜，這眞是一個天大的發現！不勞而獲的蜜蜂非常興奮，他天天吃著蜂窩裡剩下來的蜂蜜，再也不需要辛苦的工作了。

吃著吃著，他發現自己的肚子越來越大，原來穿在腰上的褲子因爲包不住他肥胖的身軀，現在只能當做襪子穿了。他的身體日漸龐大，但是雙腿卻因爲穿著襪子而維持原來的大小，久而久之，就變成這副頭重腳輕的可笑模樣了！

「那你爲什麼不把襪子脫下來呢？這樣腿不就可以跟著長胖了？」我問。

「我也有這麼想過，但是我的肚子變得這麼大，我的手根

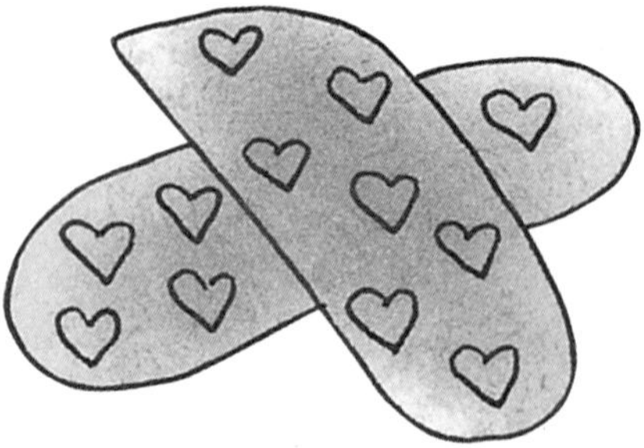

本無法碰到我的腿，別說是脫襪子了，我連擦屁股都有困難。」蜜蜂紅著臉說。

「沒關係，我來幫你。」我一邊幫蜜蜂褪去薄如羽翼的襪子，一邊補充說明：「但是你千萬不可以叮我！」

蜜蜂的襪子像一層薄膜，卻很有韌性。他說過只要穿上了這雙襪子，腳就再也不會變粗了，這是眞的嗎？這隻蜜蜂雖然身軀龐大，但是他細瘦的雙腳卻依然可以支撐他身體的重量，這雙襪子究竟有什麼神奇之處呢？

我好奇的把襪子套在腿上，發現原本痠痛的感覺馬上消失，因爲懷孕而輕微靜脈曲張的症狀也不見了，兩條腿變得又直又細，一點兒也感受不到腹部傳來的壓力，我有股想跳舞的衝動。

這雙「高透氧腿部消腫襪」採用高科技蠶絲纖維，比一般絲襪更輕更薄更透明，如同人類的第二層肌膚一樣，觸感輕柔，修飾性強，一旦你穿上了這雙「高透氧腿部消腫襪」，保證你絕對捨不得把它脫下來。

*16 高透氧腿部消腫襪

「高透氧腿部消腫襪」不僅預防靜脈血栓、靜脈曲張與懷孕期間特有的靜脈瘤、靜脈發炎、疲勞、水腫……等現象，還可以迅速雕塑腿部曲線，只要套上這雙「高透氧腿部消腫襪」十分鐘，你的雙腿立刻變得又瘦又直，是孕婦和「象腿族」的最佳選擇。

這種襪子經過特殊加工處理，完全不會造成任何過敏問題。並設有控溫裝置，冬暖夏涼，兼具美觀與保暖的功能，上面附著的蜂蜜成分可以有效滋潤腿部肌膚，省去抹油磨砂去角質的麻煩。

你常穿高跟鞋嗎？你有拇趾外翻的困擾嗎？這雙「高透氧腿部消腫襪」不但保護你的腿，還照顧你的足。穿上這雙「高透氧腿部消腫襪」，踩上再高再尖的鞋子你都不用擔心，「高透氧腿部消腫襪」在腳底位置設計了海綿裝置，幫助你吸收從地板反彈回來的阻力，四周滾輪設計，讓鞋子不直接擠壓腳掌，分散腳部的壓力，即使挺著大肚子，你也一樣可以穿迷你裙，踏高跟鞋，「高透氧腿部消腫襪」讓你人美腿更美。

蜜蜂看我對這雙襪子愛不釋手的模樣，很大方的把它送了給我。

蜜蜂說：「你是第一個來探望我的人，我很高興認識你這個朋友。」他是我所結交的第一個「非人朋友」！

我隨手摘下一朵雛菊，用它細長的莖彎成一個像拇指般大的指環，送給蜜蜂作爲回禮。

我的「非人朋友」見到我送給他的禮物，哈哈大笑的說：「我可不是那些華而不實的蝴蝶，你送我花冠做什麼？」

我向他解釋道：「這不是花冠，這是我們地球人非常風行的一種運動，叫做『呼拉圈』，你只要把它套在肚子上，每天搖個幾下，很快就會瘦下來的！」

蜜蜂在我的指導下搖起了「呼拉圈」，他很快就愛上了這項運動，一直搖呀搖的搖個不停。

這天下午，我和我的寶寶，還有一隻蜜蜂和他的呼拉圈，一同共渡了一段美好時光。

*17 抗地心引力磁鐵

爲了和我肚子裡的寶寶培養「親密關係」，我經常跟他玩打節拍遊戲，我會在肚皮上敲出不同的節奏，寶寶也會興奮的回踢我，我可以感覺得出他很喜歡。每當見到日落的時候，我就會輕輕地撫摸肚子，和寶寶說說話，像和朋友聊天一樣。久而久之，寶寶似乎聽得懂我的話，偶爾我想家的時候，他似乎也能分辨得出來我的心情沮喪，不斷在我肚子裡拳打腳踢、滾動得特別勤快，好像在說「媽咪，你還有我！你還有我！」

我肚子裡的孩子，提醒了我，我並不是孤單一個人，爲了我的孩子，不管多麼艱難、多麼困苦，我都一定要完成我的旅途，我一定要找到回家的路。

飛行一段時間之後，我來到下一個星球。這個星球是個奇怪的地方，星球上的人們走路時都仰望著天，一副盛氣凌人的樣子，我想我不用指望在這裡交到什麼好朋友了。

「唉喲！」不知道從哪裡飛來一隻鞋子，狠狠的擊中我的腦袋。我感到頭暈目眩，趕緊找個地方坐下來。

「對不起，對不起。」一個婦人急急忙忙跑向我，「我本來是想要穿鞋子，一不小心手滑了，鞋子就飛出去了，眞是對不起。」

哼！說謊！要是眞的手滑了，鞋子頂多掉在地上而已，怎麼可能飛到半空中呢？幸好你砸到的不是我的肚子，要不然我肯定跟你拼命！

「我又不認識你，你爲什麼要故意用鞋子砸我呢？」我咄咄逼人的問。

那名婦人被我嚴厲的神色嚇到了，說話更加語無倫次，她說：「我、我眞的是……眞的是不小心的，你瞧，」婦人爲了現場模擬剛才的作案手法，把她腳上的另外一隻鞋子也脫了下來，手一鬆，鞋子果眞飛得半天高，擊中了不遠處的一顆大樹。

大樹被天外飛來的鞋子這麼一打，微微搖晃了一下，使得樹上的蘋果掉了下

*17 抗地心引力磁鐵

了，然而，這顆蘋果並沒有直接掉落在地上，反而成拋物線狀的往上飛，落在幾公尺外一戶人家的屋頂上。

「好奇怪啊！你們這裡竟然沒有地心引力！」我被眼前的景象嚇呆了。

「要是沒有地心引力，我們的腳怎麼可能這麼結結實實的踩在地上呢？」婦人說：「不是我們沒有地心引力，而是我們有『抗地心引力磁鐵』。」

抗地心引力磁鐵？這是什麼東西？

婦人向我解釋，這個星球上不管是樹木還是人，每樣東西的底部都黏有這種「抗地心引力磁鐵」，要是有東西掉在半空中，不只不會往下掉，反而會往上飛，所以這個星球從來沒有「彎腰」這回事，當然他們也從來沒聽說過「墜機」，就連「跳樓自殺」這種壯舉最後也只會演變成

「空中飛人」表演，倒是人們常被高空飛過的物體擊中，所以每個人在走路的時候，都是抬頭向上看的。

「抗地心引力磁鐵」係和霍格華茲魔法學校技術合作，根據牛頓「第三運動定律」原理，只要小小一塊磁鐵，即可產生地面反作用力和地心引力相抗衡。

若是把這塊「抗地心引力磁鐵」黏貼在孕婦的肚皮上，可以使肚子和地面產生反作用力，減少重量，有效防止孕婦脂肪囤積、肚皮下垂，造成小腹鬆弛及妊娠紋出現。

「抗地心引力磁鐵」是爲孕婦們量身訂做的最佳產品，它的美容效果比任何腹部拉皮手術效果更爲顯著，不用動刀見血，就能夠自動把你的肚皮往上拉，細紋不見了，青春也跟著回來了。如果你不介意有塊磁鐵黏貼在臉上，它對臉部皺紋的回春也是一樣有效。

「抗地心引力磁鐵」可以幫助你提升腹部，減輕骨盆壓力，特別是擔心妊娠失禁問題的婦女同胞們，「抗地心引力磁鐵」絕對是你一勞永逸的不二選擇。

*17 抗地心引力磁鐵

看來，這個婦人眞的只是無心之過，我很快就和她成爲朋友，並且陪她一起去找那隻落在別人家屋頂上的鞋子。在途中，我隨口問她：「你有聽說過地球這個地方嗎？」

「有啊！地球離這裡不遠呀。」

我的眼神亮了起來，總算有人聽說過我來的地方了！

「不過，你途中還會再經過幾個小行星。」婦人補充說明，並且細心的爲我指路。

寶寶，我們就快要可以回家了，你高不高興呀？我敲了敲肚皮，寶寶開心的在裡頭翻了個筋斗。我和寶寶的「親密關係」提醒我，我們曾攜手創造出一個世界。

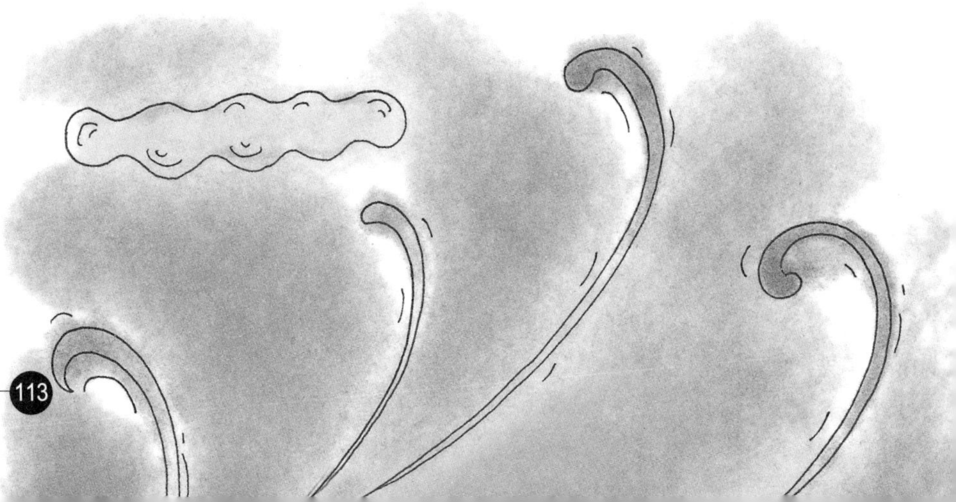

*18 開心果

婦人說我到地球前必須先經過幾個小行星，只是我沒想到所謂的「小行星」居然是那麼的小，第一個我到達的星球上面沒有住人，因爲整個星球大約只有我一隻腳掌的大小，我的另外一隻腳是懸在半空中的。

星球上種滿了一株株小樹，與其說它們是「樹」，不如說是「草」，因爲這些「樹」只有到達我膝蓋左右的高度，上面長著一顆顆像綠豆般大小的果實。

「喂！你把我踩得好痛。」我腳下的果實向我抗議。

我把腳步挪開，並好奇的問它如何稱呼，它說，它叫做「開心果」。

「開心果，吃了眞的會令人開心嗎？」我問。

「你吃吃看就知道了。不過請你把我整顆吞下去，不要用咬的，不然我會痛。」開心果緊張的提醒我，它是一顆非常怕痛的開心果。

好奇心使然，我把它活生生的吞了下去，幾分鐘以後，開心果進到了我的胃部，我果然有一種輕飄飄的感覺，開心果使我的整顆心都飛揚了起來，我忘了所有煩惱，也不再擔心回不回得了家，我站在那裡像個白痴似的傻笑，整整一個下午，不管想到多麼悲慘的事，都阻止不了我上揚的嘴角，和我想飛的心情。

醫生說，孕婦保持心情愉快、頭腦清新，有利於消除疲勞，並且對胎兒健康有極大的好處。專家也說，孕婦愉悅的情緒可以促使大腦皮層興奮，使孕婦血壓、脈搏、呼吸、消化液分泌均處於平穩協調的狀態，有利於孕婦身心健康，同時也改善胎盤供血量，促進胎兒健康成長。但是懷孕期間不安的情緒、日漸笨重的身軀、胎兒壓迫的不適，卻往往使得

孕婦一點也高興不起來，除了老公彩衣娛「妻」之外，這個時候，你還需要一顆「開心果」，只溶你口不溶你手，一顆在手，保證你樂趣無窮。

「開心果」由天然植物製成，對人體絕對不含任何副作用。共有「狂笑」、「大笑」、「微笑」、「傻笑」、「愛說笑」這五種口味，不管你是被雨淋還是被雷劈，被股票套牢還是被婆婆苦毒，只要有了這顆「開心果」，天塌下來你也不用怕。

「開心果」讓你隨時隨地都可以哈哈大笑，輕鬆一下，效果比周星馳電影還要好。有了這顆開心果，不管什麼場合，你都可以

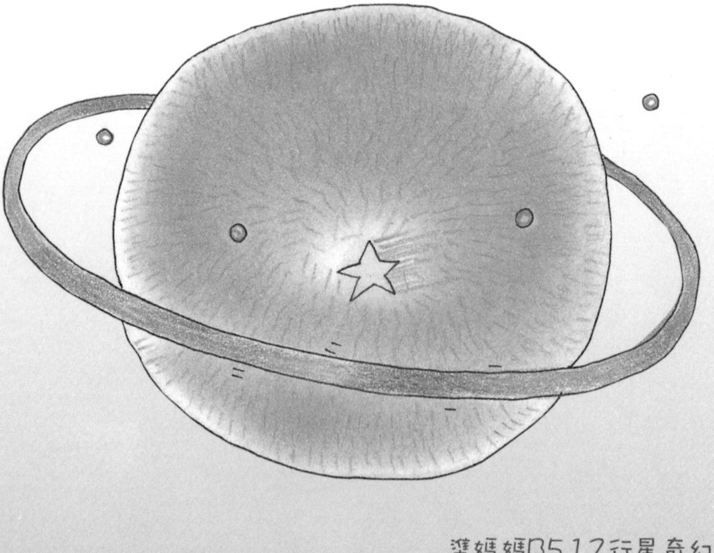

*18 開心果

笑得自然、笑得開懷、笑得一場糊塗、笑得兵敗如山倒。

你快樂嗎?你想要快樂嗎?「開心果」讓你遠離憂鬱,快樂一生。前一百名訂購者,加贈「白帥帥牙膏」一支。持「孕婦手冊」者還能享有八五折優惠喔!

「要是地球上能有這種東西多好!憂鬱症的人就有救了。」我喃喃自語。

「地球上早就有了啊!我們曾經有一群同伴被人帶到地球去,之後就再也沒有回來了。」一顆開心果告訴我:「聽說地球人還給我們取了好多不同的名字,又是安什麼,又是搖什麼,我記不得了,總之都是讓人快樂的東西啦!」

「那些是毒品哪!」我驚叫。這下好了,我不但未婚懷孕,還成了一個吸毒的孕婦,我有何面目回到地球見我的江東父老?

「那是因爲地球人沒有好好的使用我們,才會讓我們淪爲毒品。」另外一顆開心果忿忿不平的爲自己辯護。

一個看起來年紀較大的開心果說:「什麼東西都有好的和壞的,我們本身是要使人快樂,這是好的;但是如果地球人少了我們就無法快樂,那麼我們就變成壞的了。是地球人的依賴使我們變壞的。」

「幸好我沒有被選去地球，地球是全宇宙最可怕的地方，我們會被強迫和很多奇怪的藥物擠在一起揉成一團，那裡簡直是地獄。」

「對呀對呀，」另一顆開心果跟著起鬨，「他們還把我們拿去賣錢，他們難道不知道眞正的快樂是沒辦法用錢買到的嗎？地球人眞是太豬頭了！」

我慚愧地低下頭來，代表所有地球人向他們道歉。他們是多麼單純的一群植物啊！是地球人的私心使它們和邪惡沾上了邊，是地球人使它們變壞的。

開心果雖然讓人開心，但是開心卻不是一種結果，而是一種態度。沒有任何人、任何東西可以使你快樂，如果你自己選擇不快樂的話。

我摸摸我的肚子，用手指和肚子裡的寶寶對話。孩子，有你陪著我，我怎麼能不微笑？

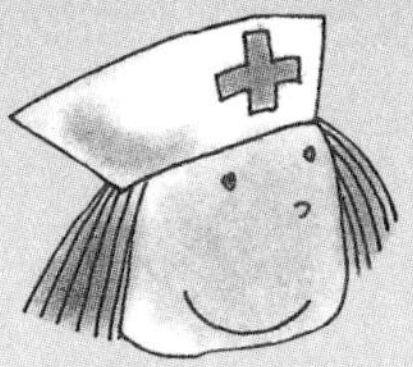

*19 懶得清尿布

下一個星球不比開心果的星球大多少，我把整個星球當作我的椅子，兩隻腳懸在太空中，晃呀晃的像盪鞦韆一樣。

這個星球上住著一個手掌般大的小人兒，他全身上下只包著一件尿布，看起來像是一個嬰兒。即將爲人母的我現在正值母性大發的時候，我把這名嬰兒抱在懷中，他竟然伊伊啊啊的和我說起話來了。

「你是誰？你是我媽媽嗎？」他問我。

我搖搖頭。小嬰兒立刻難過得哭了出來。

我問他：「難道從來沒有人照顧你嗎？」

「這個星球上面只有我自己一個人，我媽媽生下我以後就不見了。」原來他是一名棄嬰。

「你還這麼小，怎麼吃東西呢？」我忍

不住想給他一點關心。

「我從來都沒有吃過東西，所以才一直都這麼小。」

「那尿布呢？誰來替你換尿布？」我從尿布的細縫中看了一下，發現尿布是乾淨的。

「我不需要換尿布。」他說。

不用換的尿布，怎麼會有這麼好的事？這張尿布不但不用換洗，還能自動保持乾淨，這是哪個牌子的尿布啊？

我翻了翻尿布後面的標籤，上面印著「懶得清尿布」這五個大字。

「懶得清尿布」是「懶人運動衣」的姊妹品，由百分之百高透氣布料製成。再可愛的寶寶便便也不會是香的，可知媽媽一手摀鼻子，一手換尿布是多麼辛苦的一件工作。現在只要穿上「懶得清尿布」，從此寶寶的大便小便都不用再煩惱，媽媽可以不必擔心半夜爬起來換尿布，寶寶也可以隨心所欲趴趴走。它的超彈性纖維，防止側漏問題的產生，讓媽媽睡得安心，寶寶玩得開心。

「懶得清尿布」內建環保循環全自動裝置，「蒸發」、「除臭」、「殺菌」、「消毒」四種程序一氣呵成，只要沾染到任何一點髒污，環保循環裝置就會立即啓動，讓你的尿布永遠保持像新的一樣乾爽，即使一年不洗也不會發霉長菌。

濕疹、痱子、紅腫、過敏等皮膚問題，交給「懶得清尿布」就對了！「懶得清尿布」含有豐富Pittera，可以有效治療各種膚質問題，讓寶寶就算一天只睡一個鐘頭，依然能夠擁有最光滑最粉嫩的小屁屁。

新一季「懶得清尿布」由國際知名流行教主參與設計，共有「豹紋」、「迷彩」、「蘇格蘭格紋」、「牛仔」、「珍珠白」、「威尼斯藍」六種花色可以選擇，讓你的寶寶穿得舒適、穿得時髦，穿得與衆不同。現在訂購，還加贈一套「母子連心親子裝」喔！

「懶得清尿布」另有爲狗兒設計的尺寸，讓狗兒子也能享有嬰兒般的尊貴待遇！身爲新手媽媽的你，怎麼能夠錯過呢？

我抱著懷中的嬰兒，餵他吃我的蜜蜂朋友送給我的蜂蜜。他急切的吸吮著，彷佛想要快快長大。

「你媽媽拋棄你一定有她的苦衷，等有一天你再見到她的時候，你要原諒她，知道嗎？」我對他說。

小嬰兒似懂非懂的點了點頭，「我明白，我沒有怪他，我只是非常想念他。還有一件事情我一直想不透，」他問我：「如果你帶著五種動物來到森林，卻遇到了危險使你勢必要拋棄其中一種動物，這五種動物分別是老虎、猴子、孔雀、大象和狗，你會首先拋棄哪一個呢？」

我仔細的想了想，回答道：「孔雀。」

「為什麼？」

「因為孔雀空有華麗的外表，在危急的時候卻一點兒也不能派上用場，所以我會第一個拋棄他。」

小嬰兒嘆了一口氣，「每個人都選孔雀。」他說：「因為孔雀對你一點作用也沒有，所以你選擇拋棄它，對嗎？」

我點點頭，他接著說：

「你爲什麼不想想，孔雀連一點保護自己的能力都沒有，所以你更應該要帶著它走呢？」

是啊！我爲什麼不這麼想呢？

人類的智慧是有限的，看得見自己，就看不見別人。我們傷悲，我們陶醉，我們存在我們存在著，除此以外，就容不下別的存在了。

親愛的孩子，我能夠給你自己，卻不能給你全世界。終有一天，你會發現世界是如此浩瀚，而人呢？是多麼的渺小……

*20 身輕如燕衣

我來到了下一個星球，這個星球像一個城市一般大小，星球上的人神色匆忙，腳像長了翅膀似的，走路一個比一個還快。

我攔下街上的一個路人甲，問他：「你這麼匆忙，究竟在趕些什麼啊？」

他回答我：「我在趕著走路啊！」

「就只爲了走路，沒有目的地嗎？」

「是啊。」他一副理所當然的樣子，更加勾起我的好奇心。

我繼續追問下去：「既然只是爲了走路，那走得快或走得慢都還不是一樣，你爲什麼要走得這麼快呢？」

「因爲其他人也走得這麼快呀！」

路人甲的嘴巴雖然在說話，腳步卻一點兒也沒有放慢，我跟著他走了一會兒，走到我已經臉紅心跳、氣喘如牛，他卻絲毫沒有疲累的跡象，還輕鬆的哼著小曲。

*20 身輕如燕衣

「等等……，等、等……，」我上氣不接下氣的說。「你走得這麼快，難道一點都不覺得累嗎？」

「怎麼會累呢？我的身體就像燕子一樣輕盈呀！」路人甲回答道。

我打量一下他的身型，這個星球的人和地球人長得差不多，除了肚子以外，他的身材和我不相上下，他的腳用力著地的時候，還會發出「碰碰碰」的聲響，怎麼可能和燕子一樣輕盈呢？

路人甲說：「我身上這件衣服，叫做『身輕如燕衣』，穿上它以後，身體就會變得像小鳥一樣輕巧，別說是走路了，連飛簷走壁都不成問題。地球上的忍者還有以前的武林高手都曾經借回去穿過呢！」

你因爲挺著大肚子而行動遲緩嗎？因爲懷孕而感到四肢笨重嗎？懷孕五個月以後，你會深深體會到「力不從心」這四個字，走沒兩步就已經氣喘咻咻，翻身扭腰這些動作也像是在表演特技，就連起立坐下這麼簡單的動作，也足以使你高呼「救命」，別擔心，有了這件「身輕如燕衣」，你馬上可以脫離苦海，重拾往日的輕盈。

這件「身輕如燕衣」是根據成龍的「燕尾服」所研發出來的新產品，只要穿上它以後，你的身體立刻就會變得像鳥兒一樣輕，彷彿有著無窮的精力一般，你要走多快就走多快，要有多靈活就有多靈活，不用再爲了拖著沉重的身軀而煩惱。

穿上這件「身輕如燕衣」，睡覺時你想滾幾圈都沒問題，起立蹲下、稍息立正這類小動作也完全難不倒你，你甚至可以一口氣爬上台北一〇一頂樓，或是學蜘蛛人從這棟大樓跳到那棟大樓，「身輕如燕衣」讓你遠離「懶惰」、「疲勞」、「嗜睡」、「笨重」這些不愉快的字眼，改變所有女人的懷孕史。

這款「身輕如燕衣」有套裝、休閒服、睡衣、內衣、比基尼……等多種設計，你可以搭配各種場合二十四小時都穿著它。「身輕如燕衣」堅持品味，一律採用純手工縫製，每種樣式都只有唯一一件，讓你享有大明星般的風采，不會產生任何「撞衫」困擾，是孕婦展現流行的最佳良伴。買十件送一件，團體訂購，還加贈正宗進口盤絲洞蜘蛛絲一坨，妳還在等些什麼呢？

路人甲告訴我，這個星球上的人因爲穿了「身輕如燕衣」，所以大家走路都很快，如果你不走快一點，就會擋到後面的人的路，運氣差一點的話，還有可能被後來的人撞倒或推倒，所以大家都拼命往前走，越走越快，越快就越不能停下來，所以、所以……，所以我們還是走快一點吧！

我問他：「你們難道沒有想過走這麼快是爲了什麼嗎？」

「有啊，」他回答：「走快一點可以節省很多時間。專家研究過，我們平均每一天可以因爲走路的速度快而節省八十七分鐘。」

「那你們省下這八十七分鐘做什麼呢？」

「還能做什麼？當然是走路啦！我們可以用這八十七分鐘走更多的路。」

我差點沒昏倒，除了走路，難道沒有其他的事可做嗎？

「你看過陀螺吧！陀螺如果不轉了，它還是陀螺嗎？」路人甲憂傷的說，我

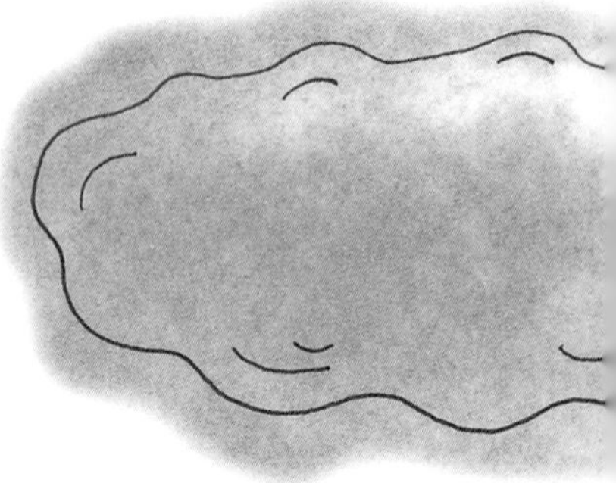

卻連一句安慰的話也說不出來。

路人甲又說：「你相信人可以改變自己的命運嗎？」

我沉默了。自從意外懷孕，又莫名其妙的來到外太空，我連命運是什麼都不知道，還談什麼改變呢？

「我相信。」他說。

「爲什麼？」我訝異的看著他，一個陀螺憑什麼相信他能夠改變自己的命運？

「相信的話，比較幸福。」

是的，相信的話，比較幸福。人是可以改變自己的命運的，我在心裡默默覆誦一次，想要永遠記住這句話。

*21 神燈保姆

下一個星球表面凹凸不平，雜草叢生，看起來真不是人住的地方，陰森森的氣氛使我毛骨悚然，我滿腦子只想趕快離開這個鬼地方。

就在這個時候，草叢中一只亮晶晶的東西吸引了我的注意，我仔細一看，發現是一盞油燈，看起來已經有一些歷史了，上面巧奪天工的刻紋說明了這盞燈大有來頭，正常情況之下，這種古董應該是擺在博物館中供人瞻仰的，怎麼會出現在這個偏僻破落的星球上呢？

油燈上面沾滿灰塵，我用衣袖想要把它擦拭乾淨，沒想到我才剛摩擦到它，一陣劇烈的震動突然從油燈中心傳出來，像是即將孵化的雞蛋一樣，我手一鬆，也不管油燈會不會摔壞，我拔腿就跑。

「等一等，主人。」一個低沉的聲音從我身後傳來，他叫我什麼？

我手心冒汗、雙腳發軟，連前進一步都是不可能的任務，看來是劫數難逃了！我大口大口的吸氣，半瞇著眼睛轉過身去，天還是一樣的天，地還是一樣的地，只是我的眼前出現了一個包著頭巾的怪人。

怪人對著我說：「主人，請問你有什麼吩咐？」

這樣的情節似曾相識，難不成他是……，我猶疑著不敢說出口。

「我是燈神，也是神燈。現在，我是你的僕人了。」他說。

只是我的心裡還有一團疑惑尚未解開，我問燈神：「你的主人不是阿拉丁嗎？怎麼會流落到這裡來呢？」

燈神嘆了一口氣，他說：「我可以幫阿拉丁做任何事，卻不能使他不死。自從阿拉丁死後，有人把我的故事寫成書籍公諸於世，從那時候開始，我就被人你爭我奪，一刻不得安寧。終於有一天，大夥兒搶做一團爭著把我帶回家，突然有人說了一句『我得不到的東西，誰也別想得到。』然後把我狠狠一拋，我就被拋出地球來

到這裡了！」

這麼說來，那名婦人沒有騙我，這裡果真離地球很近。

「可是你不是巨人嗎？怎麼會長得和正常人差不多呢？」我記得卡通裡畫的燈神都是那種又藍又綠的龐然大物，可是在我眼前的這名燈神卻出人意料的「正常」，看起來就和普通人差不多，很難想像他可以單憑一隻手臂就把阿拉丁的整個城堡搬去非洲。

「如果我不變成一個巨人，有誰會相信我是神呢？其實我比較喜歡打扮得像個普通人，但人們總是只相信自己眼睛所看到的東西。」燈神聳了聳肩膀，一臉無奈的樣子。「現在，主人你有什麼吩咐嗎？」燈神又再度重申一次，看來，他是一個很有責任感的燈神。

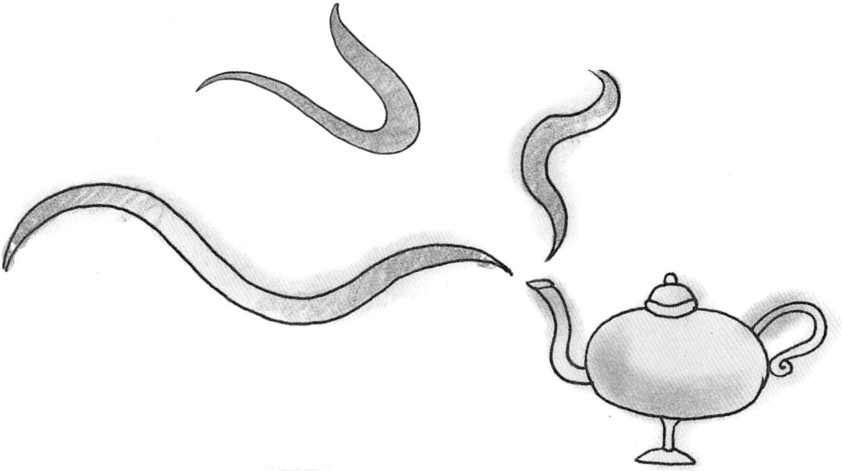

「我想要回到地球！」我大叫。

「我自己都回不去地球了，你想我有能力幫助你回去地球嗎？」燈神沮喪地說，我的願望又再一次地落空。

有件事情不太對勁，燈神不是應該無所不能嗎？怎麼可能連這麼簡單的任務都辦不到？莫非他是冒充的？但是看他提起阿拉丁時的眼神，又彷彿他們是多年的老朋友，這究竟是怎麼回事呢？

「好吧，你自己說吧，你能幫我做什麼？」我反問他。

「我、我……」燈神的語氣聽起來像是有什麼難言之隱似地，我心軟了，「好吧，你說吧，我能幫你做什麼？」

聽了我這句話，燈神居然坐在地上哇哇大哭起來，他哽咽著說：「你有看過電池吧！」

我點點頭，他繼續說：「電池用了一定時間之後，電力就會慢慢減退。我也是一樣，我已經活了好幾千年了，再怎麼老當益壯也不若當年，」說到這裡，他的頭更低了，「其實我並不是因爲人們爭奪我而來到這裡的，是我的某一任主人，花了一大筆錢買下我之後，卻發現我根本不能爲他做什麼，一氣之下，才把我扔到外太空來的！我、我……根本已經沒有法力了。」

好可憐的燈神，中年失業，他該怎麼辦？

我想，我應該要幫助他重建信心，讓他過回普通人的日子，或許，我還可以給他一份工作！

「你喜歡小孩子嗎？」我開始Interview。

他被我問得莫名其妙，但還是認眞的點了點頭。

「那麼，你會煮飯掃地洗衣服嗎？」

「雖然我已經失去法力，但是那些簡單的家事都還難不倒我。」

我鄭重的和燈神握了握手，「恭喜你，你得到了這份工作。」

專爲新手媽媽設計的「神燈褓母」，不但二十四小時全年無休，而且還免支薪、免付費，呼之即來，揮之即去。

他只佔用一盞油燈的空間，完全不影響你日常的家庭生活，只需一聲令下，「神燈褓母」隨即照辦，並且保持「超人」的效率，等到事情辦完了，褓母就會乖乖回到神燈裡，你不用擔心他講越洋電話講太久，也不用害怕他會勾結外人謀奪家產，更不用裝針孔攝影機監視他會不會虐待兒童，「神燈褓母」細心負責、任勞任怨，絕對是你最忠實的僕人。

寶寶半夜啼哭？寶寶經常吵著不肯睡覺？這個時候，你需要一位「神燈褓母」，只需輕輕摩擦神燈，褓母立刻出現爲你服務，代替媽媽幫寶寶換尿布餵牛奶。媽媽只要負責躺在床上睡你的覺，其餘所有問題都可以交由「神燈褓母」來替你解決。

「神燈褓母」經過長時間專業訓練，熟習各種育嬰知識，擅長把屎把尿說童話故事，你絕對可以放心的把寶寶交給他。有了「神燈褓母」，媽媽們既可以維持單身貴族般的生活品質，又可以享有身爲人母的喜悅成就。「神燈褓母」是每個家庭的必需品，比佣人更耐操，比機器人更善解人意，是新手媽媽不容錯過的選擇。

「現在，你是一位眞正的僕人了。」我對我的「神燈褓母」說。

帶著這盞神燈上路或許會有一些不便，但是他需要我，我不能丟下他，任他在這個荒蕪的星球上等著腐爛。他會是我的寶寶出世後第一位認識的新朋友。

想到這裡，我忽然覺得百感交集，不知道可不可以訂做一個「神燈老公」？

*22 穿梭時光鬧鐘

如果那位用鞋子砸我的婦人沒有說錯的話，下一個星球應該就是地球了。

只是當我到達的時候，竟然沒有一個地方是我認識的，山脈、湖泊、街道、建築物……完全和我離開時的景象不同，我究竟離開了多久？這裡到底是哪裡？

我問雜貨店的老闆，「請問你有聽說過地球嗎？」

老闆毫不考慮的回答我：「裝肖偉！」

「對不起，我是認眞的，請問這裡是地球嗎？」我不死心的再問一次。

他兇巴巴的反問我：「這裡不是地球，難道是月球嗎？」

這麼說來，這裡眞的是地球囉！只

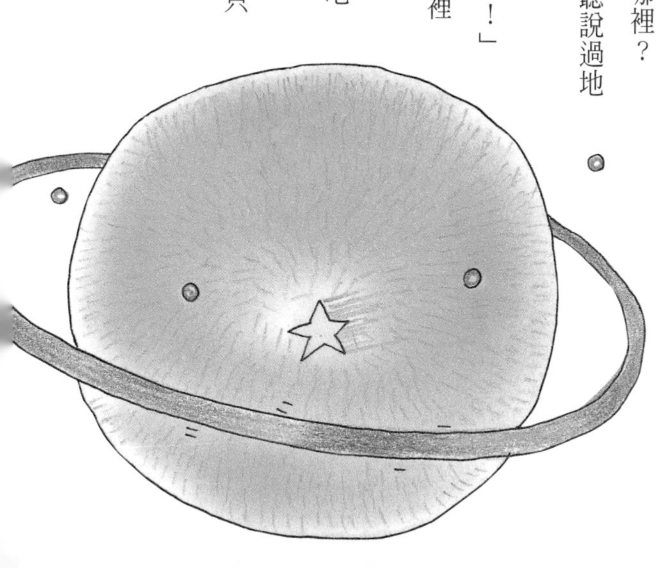

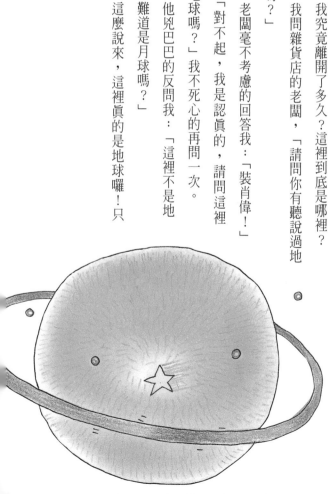

是我所熟悉的景物，怎麼都不見了呢？

我瞥了一眼雜貨店牆上掛著的日曆，不敢相信我的眼睛。日曆上頭寫著：「西元三〇〇三年五月十二日」，天哪！我來到一千年以後的地球了！

就把宇宙比喻爲一個大大的黑盒子吧！我所居住的地球本來是在A點，經過很長一段時間之後，行星發生了一些位移，移到了B點的位置。大家都知道，宇宙中有所謂的「光年」，也就是說A地球和B地球其實是同時存在的，只是加上了時間的差距，所以我們才互相看不到對方的存在，一直以爲自己所住的地球是獨一無二的。事實上，說不定還有第三個、第四個地球存在呢！

我走在一千年後的地球街道上，所有的景物都變了，這裡已經不再是我的家，而我的家又在哪裡呢？猛烈的太陽直射在我的頭頂上，孕婦怎麼可能禁得起這樣強烈的紫外線，我找了一塊台階席地而坐，太累了，我

要到什麼時候才回得了家？

我低落的情緒並沒有持續很久，因爲我馬上就發現了一個再熟悉不過的老朋友。一千年後的地球街道上，到處可見我們這些「古人」夢寐以求的哆啦A夢。哆啦A夢在這個時代是家家戶戶必養的寵物之一，因爲繁殖過盛，所以機器貓也難逃被人類棄養的命運，像我身邊的這隻哆啦A夢，就是一隻流浪貓，他看到我枯坐在路邊，所以興沖沖的跑過來和我作伴。

「你就要做媽媽了，爲什麼你看起來這麼不開心呢？」他問我。

「我遭遇到的事情實在太荒謬了，你不會相信的。」我輕輕的說。事實上我眞想大吼：「我是無家可歸的女人，你關心我不如把我送回家！」但是我沒有，心灰意冷的感覺已經讓我連發脾氣都顯得有氣無力。

哆啦A夢天生喜歡幫助別人，他一臉關心的對我說：「告訴我你的問題，或許我可以幫得上忙。」

「時間！我的問題就是時間，時間把這一切都搞亂了！」我沒頭沒腦歇斯底里的喊著，一面喊一面掉眼淚。

「這算什麼問題？」哆啦A夢從他肚子前面的百寶袋中翻出了一個鬧鐘，「這是穿梭時光鬧鐘，只要你轉動分針，就可以把時間往前或往後調整了。如果你覺得挺個大肚子太辛苦的話，你只要把時間往後調幾個月，調到寶寶出生以後，你就可以不用那麼辛苦了。」

看來他完全誤會了我的意思。

不過，這個「穿梭時光鬧鐘」倒是很有趣，如果你覺得十月懷胎太辛苦，懷孕的日子不但會影響你的生活作息，還造成了你的工作斷層，你只需要用鬧鐘把時間往後調整幾個月，就可以馬上和肚子裡的寶寶見面了。

「穿梭時光鬧鐘」省去你一切懷孕的困擾，讓你可以自由設定你的懷孕時間，三個月、五個月、還是八個月全部任你安排。對於有早產跡象的朋友來說，你也可以用「穿梭時光鬧鐘」來調整時間，讓你生個足月的寶寶。如果想要親身體驗生孩子的驚悚過程，你可以用「穿梭時光鬧鐘」把時間調到生產前一刻，怕痛的媽媽們，你也可以用它來縮短陣痛的時間，或是乾脆把時間調到生產後。

有了這個「穿梭時光鬧鐘」，生孩子就像變魔術一樣簡單，你不但可以利用鬧鐘來設定孩子的出生年月日時，還可以愛怎麼生就怎麼生，一年之內生三胎都不成問題，「穿梭時光鬧鐘」是你最省時的好幫手。

我摸摸我的肚子，大約已經有六、七個月大了，我迫不及待的想趕快看見我的寶寶，於是，我把鬧鐘的分針沿著順時針方向轉動，每轉一圈，我的肚子似乎也大了一點，像是吹氣球一樣，越來越大，越來越大，「啊！」我感到子宮一陣收縮，好像就要臨盆了！

這幾個月以來，寶寶一直是我身體的一部分，我的每一個心跳他都能感應，我的每一種情緒他都和我一起分擔，我們「連」在一起。出去以後，他就是一個獨立的個體了，我再也感受不到他的一舉一動，也無法再和他貼得這麼近這麼緊；我只能用我的雙手包圍他，不能再用我全部的生命保護他，寶寶啊寶寶，媽媽不想和你分開，我還想和你多親近一會兒……

我停下了轉動分針的手，孩子長大了，都是要飛的，但是現在，我能不能再多享受一下和他緊密相連的時光？母子連心，是人世間最短的距離。懷孕的過程雖然辛苦，

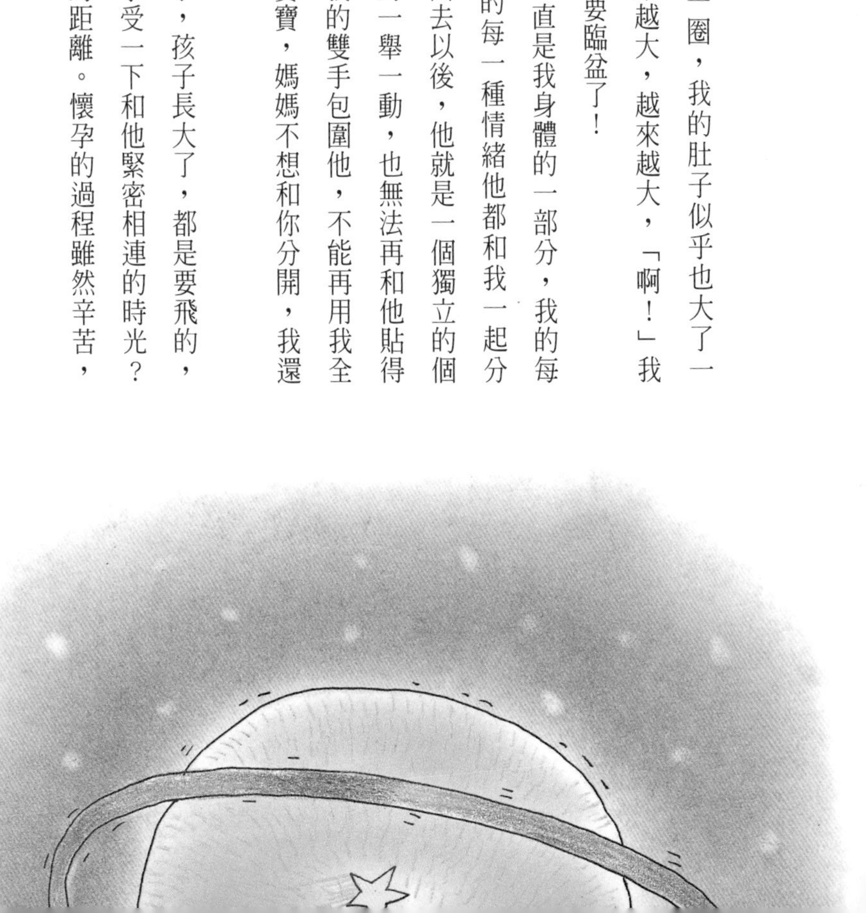

卻也是一種甜蜜的負荷，我一分鐘也不想錯過，我要和我的孩子共同分享這每一分鐘。

人生有一些痛苦是不能免除的，因爲當你痛苦的同時，你也享受著和痛苦相同程度的快樂，「痛並快樂著」，這是每一個懷孕婦女的最佳寫照。

我把鬧鐘調回原來的時間，身邊的哆啦**A**夢早已慵懶的躺在那裡呼呼大睡，眞是一隻懶貓，難怪會被主人趕出家門！我把他叫醒，帶著他去買他最愛吃的銅鑼燒，沒有人知道，我剛剛和我的孩子共同體驗了一段最親密的心事。

*23

陽光手電筒

離開一千年後的地球以後，我把身上僅剩的開心果一口氣嗑光，如果不能提振自己的士氣，我還有什麼力量在茫茫宇宙中漂泊下去？

照理說，一千年前的地球和一千年後的地球應該相差不遠，我決定採取地毯式搜索，一個星球一個星球的拜訪，總有一天找到你！

下一個我去到的星球又黑又暗，因爲地理位置的關係，這個星球被其他星球擋住了，一年照射到太陽的時間只有短短五分鐘，其餘的時間裡，都處於一片漆黑的永夜狀態下。在這種不見天日的地方，除了海底生物之外，應該沒有其他生物可以生存了吧！但意外的是，這個地方不只是一個星球，還是一座繁榮的城市，住在城市裡的居民更是令人跌破眼鏡，他們長期缺乏日曬，膚色應該和幽靈一樣白，但是他們卻一個個都擁有一身健康自然的古銅色肌膚，到底是怎麼辦到的？

我的白皙膚色和隆起的肚子吸引了不少人的注目，我很快的便結交了一位同樣是孕婦的好朋友，她叫做「阿基力亞斐克拉斯羅意珂洛貝」，爲了方便起見，我稱呼她爲「阿貝」。

交朋友有時候很難，因爲人與人之間相異的地方實在太多了；交朋友有時候很容易，特別是在女人懷孕的時候，只要提到「嬰兒」、「生男生女」、「陣痛」、「坐月子」……等字眼，她們就會馬上一見如故，興致勃勃的交換起媽媽經，連親姊妹之間都沒有這麼有話講。

阿貝告訴我，這個星球因爲接觸不到陽光的關係，所以有個聰明的人發明了一種「陽光手電筒」，這支手電筒就像一個可以隨身攜帶的小太陽一樣，它射出的光線不含紫外線，卻富含對人體有益的維生素D及葉酸，懷孕的女性尤其需要大量的葉酸，以支持胚胎中快速的細胞分裂。因此有了這支手電筒，孕婦可以直接攝取到最天然的補給品，又不用擔心陽光對肌膚造成的傷害。

「陽光手電筒」分爲「獨立型」和「插花型」，前者是長長一枝獨立的手電筒，你可以把它當作電燈使用，讓室內也可以照得到自然光；後者則可安裝在手機、戒指、手錶、領帶上面，你可以走到哪裡照到哪裡，隨時想到隨時補充，一點兒也不會造成你的負擔。

人們都說，如果擁有了「陽光手電筒」，你絕對會忍不住想要炫耀它！因爲，它以俐落的線條與外型，呼應你健康自然的生活態度，回歸基本樸實的雋永美感，豐富你的時尚經驗。內裝燈泡銳氣千條、光芒萬丈，一共有「朦朧朝陽」、「和煦春光」、「狂野艷陽」、「浪漫夕陽」這幾種選擇，滿足你對美感結合實用的長久渴望，除了手機、鑰匙、信用卡，「陽光手電筒」是你出門時最In的配備，也是你居家時最好的健康顧問。

「陽光手電筒」內含自動發電系

統，你完全不用擔心動力來源，並含有溫度設定裝置，方便你設定其太陽光的溫度，夏天變冰溫，冬天變保鮮，隨時處於最舒適的溫度之下。有了「陽光手電筒」，你就像擁有了一台可以隨身攜帶的冷暖氣，不要懷疑，「陽光手電筒」就是這麼好用！

根據醫學報告指出，陽光不但可以提供人體所需養分，還可預防骨質疏鬆症，有了這支「陽光手電筒」，從此健康沒煩惱。現在訂購，還送你超炫外殼一組。「陽光手電筒」，讓你笑得像陽光一般燦爛！

阿貝還說，她現在每天固定做一個小時的日光浴，什麼也不做，就是拿著手電筒對著肚子猛照，這一切都是爲了寶寶的健康。

一聽到這裡，我不由得淚流滿面，好擔心我這一路上的奔波勞碌影響了孩子的健康。

「你要堅持下去！」阿貝說，「爲了孩子，你一定要找到回家的路！」

她的語氣堅定得像是一句命令，我彷彿在這個黑漆漆的星球上看見了陽光。

*24 神童指揮棒

我的肚子一天比一天大，孩子出生的日子越來越逼近，我忍不住胡思亂想，要是孩子出生時我還回不了地球，那我該找誰來替我接生？孩子出生了以後我又該怎麼辦，難不成讓他跟著我一輩子當個外星人嗎？那有多悲慘啊！

不行！我要更加把勁，我一定要在孩子出生之前回到地球。

但令我失望的是，下一個我到達的星球仍然不是地球，這兒的人也從來沒有聽說過「地球」這玩意兒，地球，似乎離我越來越遙遠了……

這個星球上的人一聽說我來自地球，紛紛好奇的圍過來「觀賞」我這個外星人，我早已見怪不怪，習以爲常了，只是不停解釋「我是因爲懷了孩子，所以肚子才這麼大，可不是每個地球人都是大肚子的！」到了別的星球還記得「光宗耀祖」，我也可以算得上是「地球良民」了吧！

一個看起來像是族長的人代表他們整個星球送了我一樣紀念品——一支類似樂隊指揮家用的指揮棒，族長說：「我們這個星球叫做『彗星』，這是我們祖傳的寶物，叫做『神童指揮棒』。不管你想學什麼，只要用這支指揮棒點一下，你立刻就可以學會，等你孩子出生以後，你可以用這支指揮棒來教育他。」

誰說天才不能造就？「神童指揮棒」滿足每一位媽媽望子成龍的夢想。不管是學英文、學電腦、學鋼琴、學跳舞……，只要用「神童指揮棒」輕輕一點，馬上集十八般武藝於一身，連頑石都能變神童！

孩子不肯用功？升學壓力過重？別擔心，有了「神童指揮棒」，保證孩子學什麼會什麼，不止功課一百分，各項才藝也一把罩，今天參加珠算比賽，明天參加演講比賽，樣樣奪魁得金牌。比爾蓋茲算什麼？孩子，你才是我們未來的希望！

*24 神童指揮棒

有了「神童指揮棒」，你不需要再花大錢送孩子去上安親班、才藝班、補習班，只要經過媽媽的妙手一點，孩子學習就像海綿吸水一樣快，不用幾分鐘的時間，就可以過目不忘，應用自如，讓孩子從此遠離填鴨式教育，還給他們一個彩色的童年。

「神童指揮棒」伸縮自如，只有一根筆桿的大小，攜帶方便，收納輕鬆，從此走到哪、點到哪、會到哪。知識就是力量，「神童指揮棒」讓你的孩子高人一等，絕不輸在起跑點，是父母為孩子準備最受用一生的好禮。

只是這麼好的東西，怎麼會捨得送人呢？

「難道你們這裡的孩子不需要『神童指揮棒』嗎？」我問。

「我們這個星球上的人職責分明，一個人一生只要會做一件事就可以了，有的人會開車，有的人會做菜，

有的人會理財，有的人會掃地，每個人都有自己的本領，但是每個人也都需要依賴別人的本領。在我們的觀念裡，每一種職責都是同樣重要的，大家一起生活，互助合作，所有人都不可或缺，這是我們星球數千年來都不曾發生過任何爭執的原因。」族長說。

「但是每個人除了自己的職責，總還會想要多會點其他的東西吧！」

「是啊！那就與個人職責無關了，那是私人興趣。」

多奇怪的觀念啊！我繼續問：「你們星球上的人通常有哪些興趣呢？」

「嗯……」族長托著下巴想了又想，他的興趣聽起來可能不太有趣，「女孩子嘛，就喜歡玩玩樂器、縫紉啦、唱歌啦，男孩子大多喜歡運動，他們喜歡學保齡球、撞球之類的，老人家就打打高爾夫球，太極拳什麼的，大家的興趣都很廣泛。」

這麼說來，他們的興趣和地球人幾乎差不多，「但是你們在學新東西的時候，不會用到『神童指揮棒』嗎？」我問。

「當然不會啦，那是興趣。」族長又在重申一次興趣和職責的差別，他說：「我們培養一種興趣，就是要享受學習它的過程，從完全不會到非常精通，那是多麼痛快的一件事啊！要是用了『神童指揮棒』，沒幾分鐘就學會了，太沒成就感了，我們所追求的，就是學習的快樂啊！」

「學習的快樂」，多麼陌生的字眼！我從小到大，都只知道學習是爲了擁有這項技能將來好塡飽肚子，是爲了提高自己的身價以後好賺取更多的金錢，從來不知道，學習也有快樂，學習的過程也是一種享受，學習可以純粹只是爲了學習，「學習的快樂」，多麼美好的字眼！

如果我的孩子是神童，學什麼都很容易，我想，他可能一輩子都不會知道什麼是「學習的快樂」，張愛玲曾在書中提到：「我是一個古怪的女孩，從小被視爲天才，除了發展我的天才外別無生存的目標……」，我並不希望我的孩子終其一生「別無生存的目標」，世界上一定還有比當個天才更過癮的事！

與其做個嚐不到快樂的神童，不如做個快樂的普通人。孩子，我不要你比我更強更好，我只希望你要好好過你自己的人生，走你自己的路。

*25 九花玉露丸

我並沒有收下族長的那支「神童指揮棒」，如果想當神童，孩子必須要靠他自己的努力。

我來到的下一個星球像是一座風景如畫的島嶼，四周山巒綿延、流水潺潺、綠樹參天、落英繽紛，就像書中所描述的桃花源一樣。

獨木橋上坐著一位正在釣魚的老翁，我問他：「你是這座小島的主人嗎？」

他回答：「我不是這座島的主人，我只是這座小島的一部分，它不屬於我，但是我屬於它。」

好奇怪的邏輯！但是看得出來，他是一位充滿智慧的老人。反正我也沒有別的事可做，便待在這裡和他一起釣魚。

「我是從地球來的，你有聽說過地球嗎？」我向他打招呼。

「地球，我很久以前曾經去過，」老翁感慨的說，「我去的時候，大概是宋朝吧！現在那裡變得怎麼樣了呢？」

太好了，難怪這座小島的一切都那麼古色古香，原來他是一位曾經到過地球的古人！我急忙向老翁描述地球的現況，人多車多是非多，有抽水馬桶還有行動電話，現代人的生活豈是古人所能想像的？

老翁問了我一個無厘頭的問題，他說：「現在的武林至尊是誰？」

我笑了出來，告訴他是李小龍，不過他已經過世了，當紅的應該是成龍或是李連杰吧！不過周星馳的「少林足球」也很厲害，但若要說到誰是眞正的老大，那就非世界各國的總統莫屬了。

老翁聽得一頭霧水，「我指的是眞正的武林高手，難道現在已經沒有華山論劍了嗎？」

「你別開玩笑了，我連華山在哪裡都不知道，更別提華山論劍了，那是小說裡才有的。」

老翁沉默了。他默默的坐在那裡釣魚，魚上鉤了，他也不拉竿，就這麼坐著、坐著，直到天色漸暗。

「你大著肚子，怎麼還到處亂跑？」到了黃昏的時候，老翁突然說了這麼一句話。

我像遇到了知音一樣，一拿起麥克風就欲罷不能，滔滔不絕的說起我這一路上的遭遇，等到我講完的時候，天色已經全黑了。

「這樣吧！你到我家來吃個便飯好了，很久沒有人陪我一起吃飯了。」

老翁的盛情難卻，我跟著他來到了不遠處的一間小木屋。桌上擺著滿滿的雞鴨魚肉、時蔬山菜……，我已經好久好久沒有吃到地球人的家鄉菜，馬上不顧形象的

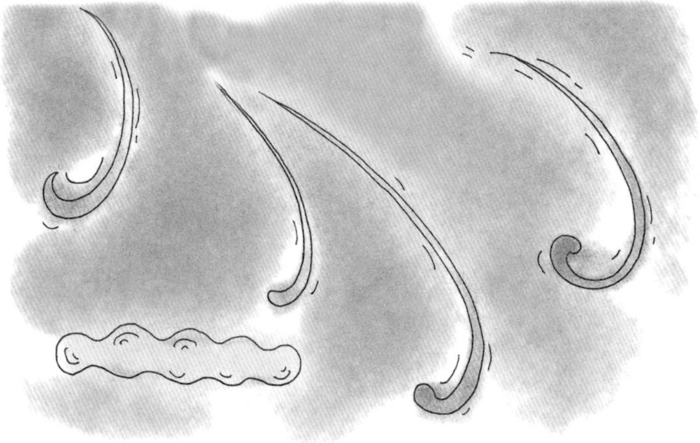

大快朵頤起來。

酒足飯飽之後，老翁給了我一個錦囊，他說：「你一個人流落異鄉，孩子看起來就快出世了，這錦囊裡頭裝的是我自己研製的『九花玉露丸』，你生了孩子之後每天必服一粒，對你的身體一定大有助益。」

原來這是坐月子吃的滋補聖品，坐月子期間是女人恢復健康美麗，脫胎換骨的最好契機。根據醫學報導，女性很多症狀例如腰酸背痛、乳房下垂、下腹突出，以及皮膚老化、黑斑皺紋都是由於坐月子的

方式不良所引起的，有了「九花玉露丸」，從此坐月子就像度蜜月一樣甜蜜，可以百無禁忌輕鬆吃。

誰說坐月子只能吃麻油雞和生化湯？誰說坐月子不能吃酸喝辣大啖美食？有了「九花玉露丸」，坐月子期間你可以愛吃什麼就吃什麼，不用擔心營養不足或是水土不服等問題。

「九花玉露丸」經由九種花草及九百九十九種上等藥材提煉而成，普通人吃可以養精蓄銳，武林高手吃了馬上功力大增，生病的人吃下去馬上藥到病除，瀕死的人吃了可以起死回生，產後婦女只需每天一顆，就能照顧你的一生。

從現在開始，你不用再花大錢去坐月子中心請人伺候，也不用再花時間和瓦斯爐日夜相對，認明「九花玉露丸」九朵花的正字標記，包準婦女們越生越年輕，越生越健康，「九花玉露丸」是婆婆媽媽們最好的選擇！

老翁提著燈籠護送我到小島邊緣，我往回一看，先前的小木屋已經被桃樹密密麻麻的包圍，這裡的樹木居然會自行移動！這座小島原來是有機關的。

難怪他能這麼精通五行奇數，難怪他擁有這麼高超的智慧，桃花、小島、華山論劍、九花玉露丸……，我想我知道他是誰了，臨走之時，我向老翁道謝，我對它說：「謝謝你，黃藥師。」

黃藥師回我一笑，連我這個數千年之後的後生晚輩都還知道「東邪黃藥師」這號人物，他應該感到非常安慰吧，當初總算沒有白來地球一趟。

我問黃藥師：「我該怎麼走才能回到地球呢？」

沒有人回答我的問題，黃藥師不知道在什麼時候早已消失了蹤影。

我看著漫山遍野的桃花，聽著遠處傳來的簫聲，感覺有一雙眼睛正默默的目送我離開。

*26 胎兒臉部雕塑筆

陽光照射在我的臉上，我抬頭看著浩瀚穹蒼，想知道在太空外的太空，是不是眞的住著上帝？如果命運安排我來到這裡，必定是想要給我一些啓示，我只能隨波逐流，不能扭轉乾坤，左右我方向的，是一艘命運之神掌舵的船。

當我到達下一個星球的時候，正値星球上的日出時分。

這個星球只住了三位母女，說是母女，怎麼會是三位呢？因爲他們分別是外婆、媽媽、和女兒，他們住在一間像城堡似的房子裡，除此以外，整個星球空無一物。

老實說，這眞是個賞心悅目的星球，星球上的三位女士雖然不算年輕，但都長得如花似玉，擁有模特兒般的身材，美麗的遺傳基因在這三位女士的身上得到了最好的印証，即使已經徐娘半老，但依然顯得丰姿綽約。

他們見到我來，非常興奮，爭先恐後的要摸一摸我的肚皮，問我寶寶是男的還是女的。

我一直只擔心要怎麼回到地球，從來沒有想過這個問題，我笑著說：「我想要一個女兒，一個跟你們一樣美麗的小女兒。」

「那很容易啊！來，你躺好。」

三位女士合力把我扶到床上，然後用一枝類似毛筆的東西在我的肚皮上畫了起來，虔誠專注的神情，好像在進行某種神聖的儀式一樣。我問他們說：「這是在做什麼？」

三位母女中的外婆立刻阻止我說話，「噓……，你先不要吵，小心把嘴巴給畫歪了！」

什麼啊？肚皮上哪來的嘴巴？眞是越說越模糊了！

我忍受著毛筆在我肚子上搔癢的感覺，好不容易大功告成，我對著鏡子一看，我的肚皮上畫了一個美麗的小女孩，最年輕的那位女士告訴我，這就是我女兒將來的模樣。

眞是太不可思議了！我居然能夠左右我女兒的長相，而且還能控制我肚子裡的是男孩還是女孩，這……這怎麼可能呢？

三位女士你一言我一語的向我解釋，這是他們星球一直以來的傳統。爲了保持優良的血統，他們會在嬰兒出生之前用這枝「胎兒臉部雕塑筆」幫他畫好將來的模樣及身材，以確保生下來的孩子一定討人喜歡，不會丟他們「美人星球」的臉。

這枝「胎兒臉部雕塑筆」用法簡單，操作方便，你只需趁著嬰兒出生以前，在媽媽的肚皮上畫出俊男美女的臉譜，寶寶將來自然就會長得和你畫的一模一樣，無論是妮可基曼或是李奧納多，你想生誰就生誰，「胎兒臉部雕塑筆」讓你輕輕鬆鬆就能生出「一托拉庫」明星臉。

爲了加惠缺乏藝術細胞的媽媽們，本產品特地附設了「快取圖案」功能，你只需點選「雙眼皮」、「鷹鉤鼻」、「菱形嘴」、「巴掌臉」……等各種圖案，「胎兒臉部雕塑筆」就會自動幫你畫在肚皮上，完成以後，稍候十分鐘，待油墨乾了即可沖掉，是最簡單便利的人體彩繪。

對於想生男或生女的父母們，「胎兒臉部雕塑筆」也可以幫助你美夢成眞。本產品根據「缺什麼補什麼」的原理，你只需用「胎兒臉部雕塑筆」在肚皮上加上你想要的東西，或擦除你不要的東西，保證你生下來的寶寶就和你畫出來的完全一樣，絕對不會有任何差池。

從現在開始，你不用再聽婆婆抱怨別人家的媳婦多會生，也不用擔心好竹可能會出歹筍，不管你是基因突變還是得罪胎神，有了「胎兒臉部雕塑筆」，你的寶寶生下來絕對是金童玉女加上萬人迷。愛美是人的天性，你怎麼能不努力生個可愛的寶寶呢？

林肯說過，「四十歲以後，人要爲自己的長相負責。」那麼在四十歲以前，父母親應該要爲孩子的長相多盡一份心力。「胎兒臉部雕塑筆」，美化你孩子一生的

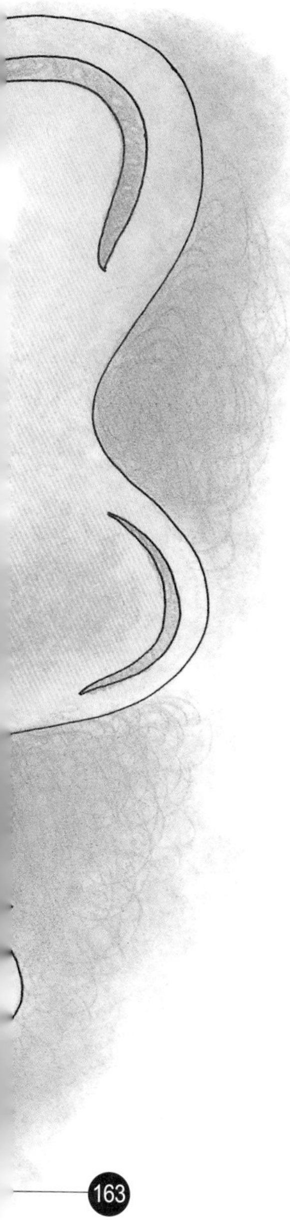

命運。除非你崇尚「自然就是美」，否則「胎兒臉部雕塑筆」絕對是準媽媽們的不二選擇！

「這個星球上只有你們三位女士，你們要怎麼懷孕呢？」我好奇的問。

其他兩位女士都害羞的低頭不語，只有上了年紀的外婆臉皮比較厚，她侃侃而談道：「我們這附近有個星球，那裡有好多精子銀行，我們只需要去那兒買就行了，不一定要有男人才能生孩子。」

看來，這還是個女權意識高昂的星球。聽他們這麼一說，我也很想見識一下那個到處都是精子銀行的星球，要是精子銀行像便利商店一樣多的話，景象一定很壯觀吧！

我問：「那個到處都是精子銀行的星球是什麼星球啊？」

「就是地球啊！」三個女人不約而同的回答我。

剎那間，我看見了命運之船再度向我駛近。

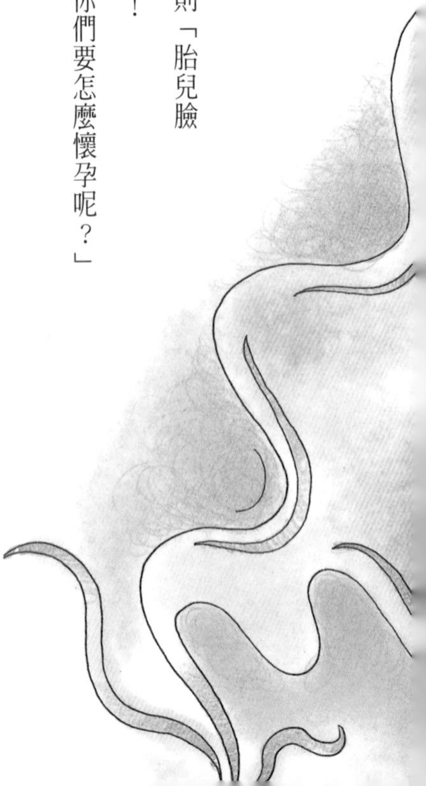

*27 產後立即瘦身裝

「你來這裡做什麼？」一名太空人問我。

這是我離開「美人星球」後到達的另一個星球，她們說，地球就在附近，三個人卻同時指出了不同的方向，我只好一個一個碰運氣，不過我知道，地球已經離我不遠了。

眼前的這個人，一身上下銀白色太空人的裝扮，要不是他沒有帶頭罩，我差點以爲他是地球派過來尋覓我的太空人，「美國太空總署尋獲疑似被外星人綁架的懷孕少婦」，這個報紙頭條夠醒目吧！

太空人再一次重複他的問題，「你來我的星球做什麼？」

「沒什麼，經過而已。」我討厭他問問題的語氣，所以也跟著擺出傲慢的姿態，「你呢？你穿

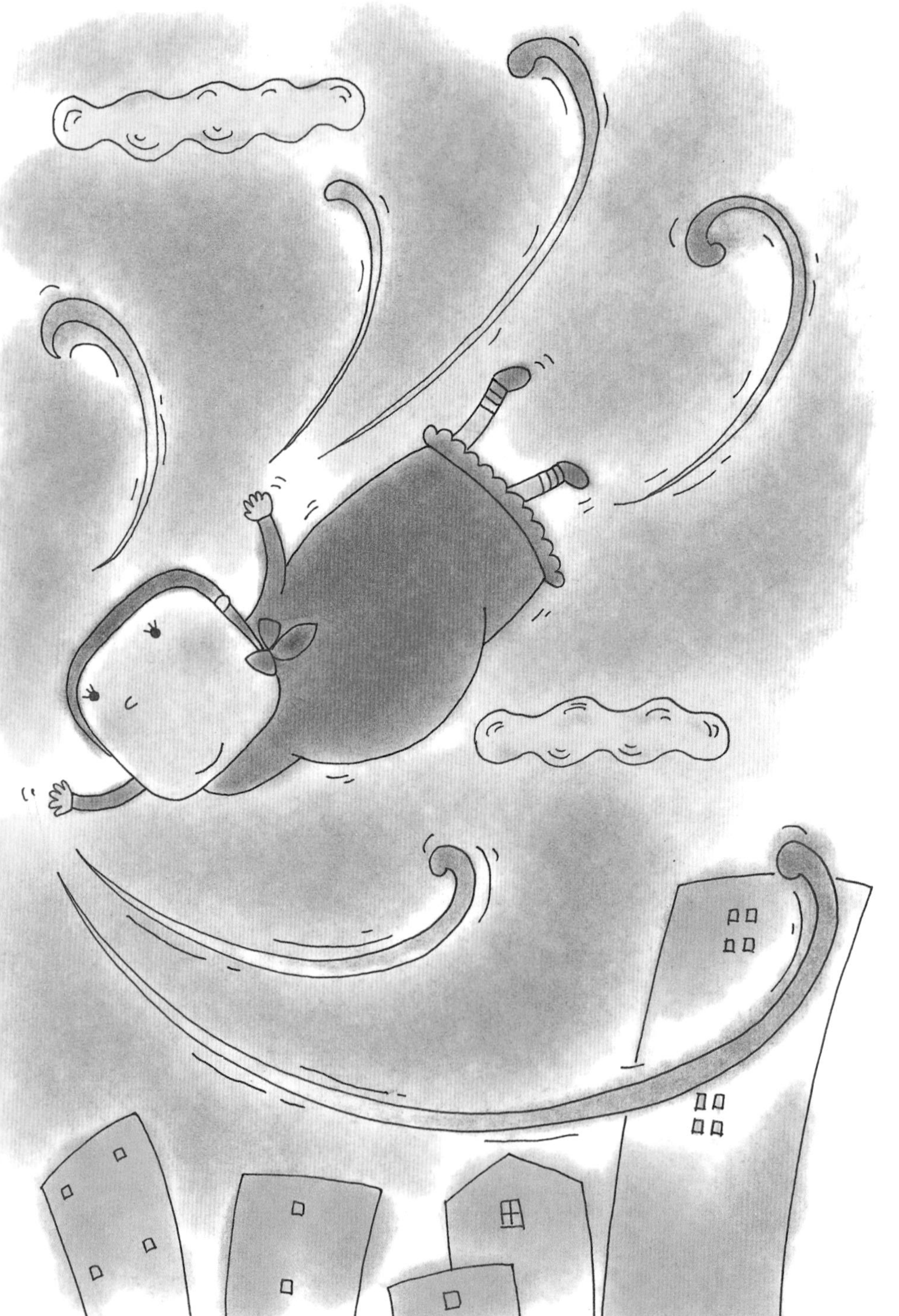

*27 產後立即瘦身裝

那一身可笑的衣服做什麼？」

「我在練我的腹肌。」太空人回答。

「是你的耳朵有問題還是你整個人都有問題？我從來沒聽說過穿可笑的衣服就可以有腹肌。」

「穿普通的衣服當然不行，但是我這一件是『瘦身裝』，只要穿在身上，幾個鐘頭以後，它就能把你的身材雕塑成你想要的樣子了！」

聽到「瘦身」，哪個女人的眼睛能不發亮呢？

太空人展示了一下他的腹肌，果眞一塊一塊像用刀子切出來的一樣，過了幾分鐘以後，他的肚子就由五分熟牛排變成了七分熟牛排，變得更加結實了一些，這果眞是一件神奇的瘦身裝，有什麼人是比產後婦女更需要減肥的？

「產後立即瘦身裝」，採用最新科技布料，百分之百透

氣吸汗，完全不會造成任何不適，本產品兼具「瘦身」、「塑身」與「豐胸」功能，你只需設定好全身上下希望達到的局部尺寸，比如34C、24、34，大腿圍18、小腿圍12。幾個鐘頭以後，你的身型立刻就能變得如你所願。

擔心胸部下垂、腹部脂肪囤積，害怕臀部不夠小不夠翹、大腿太鬆小腿不夠細……，只要穿上「產後立即瘦身裝」，這些問題馬上迎刃而解，你將擁有前所未有少女般的完美體態，由你自行決定想雕塑的部分，連最難對付的小腹、大腿內側、手臂、臀部下方，都能快速消除可怕脂肪，輕輕鬆鬆還

*27 產後立即瘦身裝

給你一個線條漂亮的大美人！從此向調整型內衣說拜拜！

有人說，女人在三十歲以前，臉蛋比身材重要，三十歲以後，身材就變得比臉蛋重要。身爲女人的你，怎麼能不好好保養越老越重要的身材呢？

吃減肥餐太命苦，做運動太辛苦，局部抽脂太痛苦，「產後立即瘦身裝」是你產後瘦身最快速有效的方法，一共分爲三種瘦身程序，第一步先幫助你燃燒脂肪，接著幫你雕塑身型，最後不忘幫你緊實肌膚，確保你瘦得自然，瘦得健康，你不用再擔心瘦下來之後表皮產生的橘皮組織，也不用害怕腹部鬆弛所造成的妊娠紋。「產後立即瘦身裝」讓你由裡瘦到外，今天生完孩子，明天馬上就能恢復窈窕身材。想要成爲Z世代的辣媽，你絕對需要這項劃世紀的產品，「產後立即瘦身裝」，讓你立即享「瘦」。

我看著一個大男人穿著太空衣在我面前練腹肌，那種感覺眞

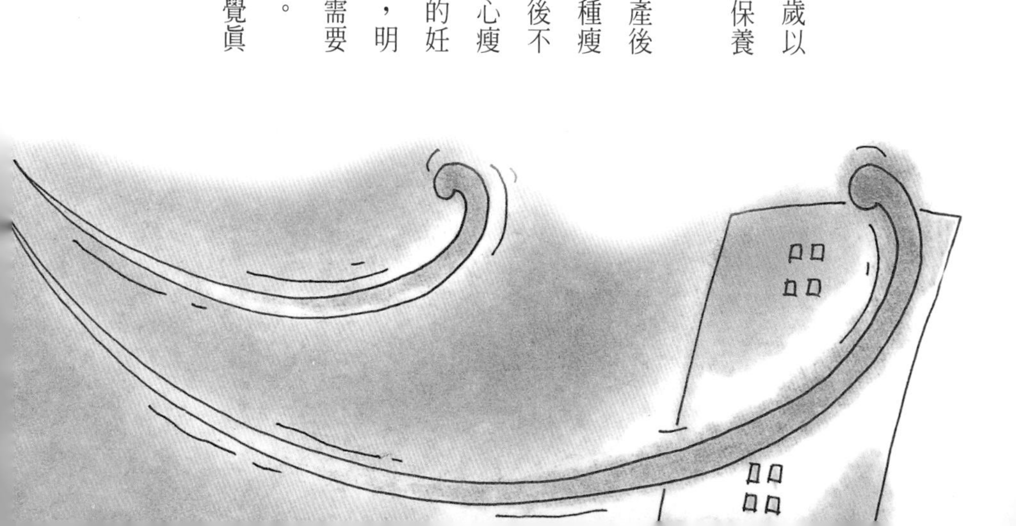

是奇怪，和看到一群女人在相親大會裡躲在廁所補妝的情形有點像，都是做給別人看的。

我問太空人：「這個星球上只住著你一個人，你練了腹肌又有什麼用？」

「爲什麼沒有用？我喜歡我的腹肌啊，這跟別人看不看得到根本沒有關係。」

對呀，自己喜歡就好了，爲什麼一定要給別人看呢？美麗難道不是用來取悅自己的嗎？

在我們尋找一面鏡子的同時，我們也是自己的一面鏡子。

*28 消除疼痛糖果

肚子影響了我飛行的速度，我花了很久的時間才到達下一個星球。不知怎麼的，今天寶寶一直在亂動，我坐立難安，只能不停的和寶寶說話，試著哄他睡覺。

我到達的下一個星球只住著一對老夫婦，星球的面積很大，只住著兩個老人未免有點孤單，我問老太太：「有沒有想過生個孩子作伴？」

「如果能生就好了，」老太太無奈的說：「我們這個地方以前住著很多戶人家，卻沒有一戶人家生得出孩子來，大家也都不知道是什麼原因。後來，年紀大了，居民一個接一個死了，就只剩下我們兩夫妻。這麼多年來，什麼方法都試過了，也許，我們眞的是註定要絕子絕孫了。」

老太太似乎已經接受了上天的安排，她宿命，但不埋怨。她說：「我只是不孕，又不是不幸，有什麼好傷心的呢？」

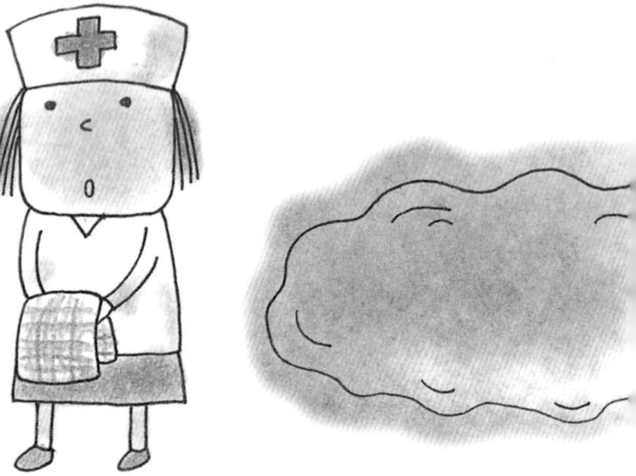

我想起之前在那個「水螅星球」上曾經拿到了一捲「腳趾頭繃帶」，只要把繃帶纏繞在任何一根腳趾頭上，經過七七四十九天，腳趾頭自動脫落變成小孩。我把這捲繃帶送給了老太太，希望她也可以很快就跟我一樣感受身爲人母的喜悅。

突然之間，我有一種想上廁所的感覺，肚子一陣痙攣，我感到子宮強烈的收縮。

「我想，我要生了……」我雙手握拳，完全不知所措。

老太太和老先生把我扶到房間躺下，他們從沒生過孩子，也從來沒有看過別人生孩子，簡直比我還要驚慌失措。

看來，我的寶寶就要誕生在外太空了！耶穌誕生在馬槽裡一點也不稀奇，以後要是有人問我的孩子，「你在哪裡出生？」他就可以大聲的回答：「外星球。」保證嚇大家一跳，詭異的經歷不一定是壞事，要是人生缺乏了這些詭異的經驗，那多無聊啊！想到這裡，我不禁有些得意起來，但是我子宮傳來的一陣收縮卻讓我笑不出來。

怎麼以前都沒有接觸過這類的資訊呢？現在連該怎麼呼吸、怎麼用力都不知道，我可不想死在異鄉、一屍兩命啊！

時間一分一秒的過去，我子宮的收縮越來越頻繁，越來越疼痛。老先生老太太在外面憂心的跺腳，他們也跟我一樣束手無策。

「我、我好痛！」我終於忍不住哭了出來。

老太太來到我的床邊，像個母親一樣的安慰我，她撫摸著我的背，喃喃的說著一些鼓勵的話語。

疼痛讓我精疲力竭，我感到濃濃的

睡意，可不可以讓我睡一下，待會再生啊……。

老太太拿了一顆像糖果般的東西讓我和著水吞，吃進去以後，我的疼痛忽然消失了，我還是感覺得到肚子在動，還是感覺得到體內正在產生的某種變化，但是我卻一點兒也感覺不到疼痛，我問老太太：「這是什麼？」

她告訴我，這是一種消除疼痛的糖果。「放心，那不只藥，只是糖，不會影響到孩子的。」老太太說。

「消除疼痛糖果」，是生產過程必備的零食，沒有副作用，不含阿斯匹靈，讓你生產過程就像吃糖果一樣甜甜蜜蜜！

生產時子宮收縮所造成的疼痛，往往令產婦痛不欲生，除非有超級堅強不屈不撓的意志力，否則經常會半途而廢，要求剖腹生產。「消除疼痛糖果」是最方便安全的無痛分娩方法，不但沒有麻醉劑可能產生的後遺

症，而且比「拉梅茲呼吸法」或是針灸、催眠等方法效果更顯著，對即將臨盆的產婦而言是一大福音，「消除疼痛糖果」符合了不增加母親及胎兒危險，並能有效減輕生產疼痛等考量，身為準媽媽的你，怎麼能不把它奉為聖品呢？

小小一顆糖果，效用即可長達八小時，一共有「薄荷」、「巧克力」、「草莓」、「牛奶」……等多種口味，並有「棒棒糖」、「口香糖」、「軟糖」、「QQ糖」等不同選擇，更重要的是，它完全不含卡洛里，你絕對可以安心食用，「消除疼痛糖果」一點也不會造成你的肥胖困擾。

親愛的準媽媽們，不要再躺在產房裡嘶吼了！「消除疼痛糖果」是你生產時最好的夥伴，除非你是SM的愛好者，不然相信本產品絕對是你最明智的選擇！

*29 接生望遠鏡

吃了老太太給我的糖果之後，我的疼痛漸消，只是孩子就要出生了，三個臭皮匠也許勝過諸葛亮，卻比不上一個接生婆，如果再這麼下去只有坐以待斃。

老先生來回踱步了很久，決定事態嚴重不能再拖下去了，他打算帶著我到鄰近的星球，請一位「據說很會接生的高人」來替我接生。

我們三個乘著「軟綿綿太空床」變成的魔毯出發，四個人的重量（別忘了我肚子裡還有一個）使得魔毯飛得很慢，等我們降落在高人所居住的星球時已經是晚上了，雖然不再疼痛，但我感受得到小寶寶想快點看到這個世界的急迫，忽然，我的下半身一陣濕潤，直覺告訴我，是我的羊水破了。

高人果眞很高，足足有兩百多公分高。我腦袋裡一片空白，非得胡思亂想些什麼來轉移我的注意力才行。我看過電影上一些

*29 接生望遠鏡

生產的畫面，醫生總是叫人使勁兒再使勁兒，而產婦除了負責尖叫之外，完全沒有別的事可做；生產眞的是一件很恐怖的事，醫生會趁著你最痛的時候把你的那裡剪開，好讓寶寶順利出來，你能想像自己像一塊破布一樣「被剪開」嗎？不過別擔心，到時候你根本不會感覺到醫生正在剪開你，因爲你早已痛到沒有知覺了。

我躺在手術台上，等著醫生來「剪開」我，但奇怪的是，這位高人並沒有拿一般生產時所需張牙舞爪的工具，他反而拿著一支望遠鏡來到我身旁。奇怪了，生孩子跟望遠鏡有什麼關係？要拿也應該拿一支放大鏡吧！

高人告訴我，這是他接生時的「秘密武器」，這支望遠鏡有特殊的功能，只要從望遠鏡望出去，所有東西就像在你眼前一樣近，這個時候，只要你一伸手去抓，就可以把那樣東西抓到手上了。

「接生望遠鏡」解決你生產時哀鴻遍

野的痛苦，你不用再強迫自己吸氣吸氣再吸氣，也不需再忍受用力用力再用力，只要從望遠鏡中觀看寶寶的頭，伸手一抓，孩子就生出來了，整個過程只需五秒鐘，你甚至可以自己在家中接生，連上醫院的程序都免了！

產痛不是病，但是痛起來要人命！在忍受了十幾個小時的陣痛之後，產婦還必須忍受生產時撕裂般的痛苦，難怪生孩子的疼痛名列在所有痛苦的第二名，僅次於失戀。有了這支「接生望遠鏡」，不但可以大幅縮短陣動的時間，更可以免除產道撕裂的痛苦，徹底根絕裂傷、漏尿等產後常見問題，讓生孩子就像青蛙下蛋一樣容易。

「接生望遠鏡」採馬克斯托夫式設計，體積小，收起來的時候只有手電筒一般大小，方便貯存，爲居家必備用品，質地輕薄，只有一百五十克的重量，你可以連續拿十幾個鐘頭都不會覺得手酸，它可以上探天文下測地理，賞花賞鳥賞什麼都行，只要一鏡在手，萬里長城就像你家的圍牆一樣近。

「接生望遠鏡」除了用於接生之外，還可當成許多其他用途使用。比如說，惡質的鄰居家正在烤肉，你便可以透過望遠鏡監看，然後手一伸，香噴噴的肉串就自然而然的跑到你手裡了；或者你心愛的女朋友逼你把天上的星星摘下來給她，你可以用望遠鏡瞄準星星，然後手一伸，一顆又圓又大的隕石就會自動把你家的屋頂砸爛。不管你想要抓什麼，透過「接生望遠鏡」都可以心想事成，它是產婦和小偷必備的「秘密武器」。「接生望遠鏡」，它抓得住你！

高人用望遠鏡看到了我肚子裡的寶寶，然後伸出他的手，我只感到一股拉力，肚子一空，寶寶就被我擠出來了，整個過程一點痛苦也沒有。我看到寶寶像個蝙蝠似的被倒掛起來，接著傳來一陣「哇哇哇」的哭聲。他們告訴我，寶寶很健康，是個漂亮的女孩。聽了這句話，我才終於放心的睡了。

長期的勞累使我疲乏，現在我只想好好睡一覺，什麼也不去想。

我不知道我睡著多久，只記得我睡得很沉、很沉，等我醒來的時候，天已經亮了。

*30 愛

我睜開眼睛，四周好亮好亮，一片雪白的明亮。

牆壁是白的，天花板是白的，連我的床單都是白的；朦朧中，我看見了我的爸爸媽媽，難不成他們也到外太空來了嗎？

不對不對，我看了看我身上的衣服，並不是我之前穿的那一件；那麼，是我終於回到地球來了。我下意識的摸摸我的肚子，是平的，我的孩子呢？

「我的孩子呢？」我的聲音虛弱得像蚊子叫，好像全身的力氣一下子都被吸乾了一樣。

媽媽聽見我說話，激動得流下眼淚，我看到我爸爸的眼角也泛著淚光，他是個軍人，軍人是從來不哭的。

我究竟是怎麼了？我還活著嗎？我的肚子好痛，是誰一直在呼喊我的名字？

後來，我才知道，自從發現懷孕的那一天起，我就一直活在時斷時續的夢境當中。

那天哭累了以後，我沉沉睡去，隔壁大樓發生了火災，我卻一無所覺，就這麼被濃煙薰暈在房間裡，等到消防員把我救出來時，我已經昏迷不醒了。醫生說我缺氧過久，甦醒的機會不大，醫院替我做了身體檢查，把我懷著身孕的情況告訴了我的父母。本來，他們擔心我的身體負荷不來，打算把孩子拿掉，但是發現我可能因爲孩子的關係，所以生存意志特別堅強。好多次我的心臟要停下來了，卻因爲孩子的胎動，讓我硬是撐了過去。我媽說，雖然我處在昏迷的情況下，但仍然一直用手護著我的肚子，因此

不顧醫生的反對，堅持讓我把孩子留下。沒想到在孩子剖腹出生的那一刻，我卻奇蹟似的醒了，這是所有人都始料未及的。我的孩子不只是上蒼給我的禮物，還是我的幸運符。我就像愛麗絲夢遊仙境一樣，經歷了一場奇幻之旅。

護士把小寶寶抱到我的床邊。

「哈囉！我是媽媽。」我向我的孩子問好，她眞是個漂亮的小女孩，那三位母女說得沒錯，我可以如願以償的生一個美麗的女兒。我想起我們兩人曾經共同經歷過的一切，孩子，不管將來發生什麼事，我都不會後悔生下妳……

我把寶寶緊緊的摟在懷中，雖然我沒有結婚，不像鐘麗緹那麼有錢，但是我有愛我的家人，有我愛的孩子，我們是一家人。只要我們彼此相愛，有什麼事情是不能克服的呢？在我的生命中，我曾經愛過許多人，當時以爲那就是所謂的刻骨銘心，直到這一刻，我才發現從前的那些愛都太過輕描淡寫，根本不及如今我愛我女兒的百分之一；骨肉親情，本是無常人世裡唯一的永恆。孩子，是你讓我重新認識了什麼才是愛；因爲有愛，所以一切的辛苦都只是「付出」，不是「犧牲」。現在，將來，將來的將來，我都會愛我的孩子勝過愛我自己，因爲我知道我所擁有的，是一顆會笑的星星。

父母、孩子，世上最親的人全都圍繞在我身邊，我還有什麼好不滿足的？我向我的父母告解，爲我的未婚生子請求他們原諒。如果不是曾經徘徊在生死邊緣，我不會這麼珍惜這個得來不易的小生命，我的父母也不會這麼輕易的和親情妥協。爸爸不改軍人的本色，嚴厲訓誡我「做錯事情沒有關係，最重要的是要爲自己做錯的事情負責。」我知道，用我全部的心力好好教育孩子，是我唯一贖罪的方式。媽媽私底下偷偷跟我說，「女人沒結婚不要緊，過了五十歲以後，你會發現孩子比老公有用多了！」我和她和寶寶抱在一起笑成一團，獨留老太爺翹著二郎腿一派悠哉的坐在沙發上看報紙。

幾天以後，醫生宣布我可以出院了，我一邊收拾行李一邊爲孩子想名字，抬頭一看，忽然發現我的床邊正擺著一盞老舊的油燈，它是什麼時候出現在那裡的呢？

我問遍了醫院上下所有的人，沒有一個人知道。

好眼熟的燈，我把它拿在手上，輕輕的擦了擦……

如果有一天，你做了一個奇怪的夢，請不要懷疑，它絕對是個啓示——預示你整個宇宙將會改變。沒有一個人知道，生命會在什麼時候轉彎，我只知道走下去，才能看得到盡頭；這一切不是終止，而是開始。

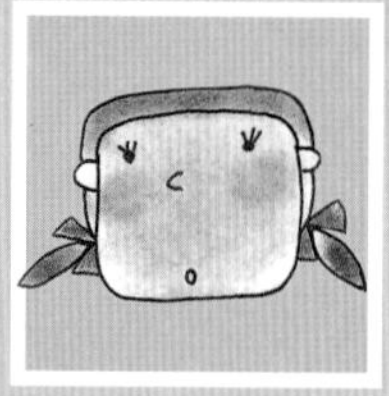

廣　告　回　信
臺灣北區郵政管理局登記證
北台字第8719號
免　貼　郵　票

106-□□
台北市新生南路3段88號5樓之6

揚智文化事業股份有限公司　收

□□□-□□
地址：　市縣　鄉鎮市區　路街　段　巷　弄　號　樓
姓名：

葉子
Leaves Publishing

書號 L4101　書名 準媽媽B512行星奇幻之旅

葉子出版股份有限公司

讀・者・回・函

感謝您購買本公司出版的書籍。
爲了更接近讀者的想法，出版您想閱讀的書籍，在此需要勞駕您詳細爲我們填寫回函，您的一份心力，將使我們更加努力！！

1. 姓名：________

2. E-mail：________

3. 性別：□ 男 □ 女

4. 生日：西元____年____月____日

5. 教育程度：□ 高中及以下 □ 專科及大學 □ 研究所及以上

6. 職業別：□ 學生 □ 服務業 □ 軍警公教 □ 資訊及傳播業 □ 金融業
□ 製造業 □ 家庭主婦 □ 其他____

7. 購書方式：□ 書店 □ 量販店 □ 網路 □ 郵購 □書展 □ 其他____

8. 購買原因：□ 對書籍感興趣 □ 生活或工作需要 □ 其他____

9. 如何得知此出版訊息：□ 媒體____ □ 書訊 □ 逛書店 □ 其他____

10. 書籍編排：□ 專業水準 □ 賞心悅目 □ 設計普通 □ 有待加強

11. 書籍封面：□ 非常出色 □ 平凡普通 □ 毫不起眼

12. 您的意見：________________________

____

13. 您希望本公司出版何種書籍：________________

☆填寫完畢後，可直接寄回（免貼郵票）。
我們將不定期寄發新書資訊，並優先通知您
其他優惠活動，再次感謝您！！

Leaves Publishing

根

以讀者爲其根本

莖

用生活來做支撐

葉

引發思考或功用

果

獲取效益或趣味